AF388070

Jann Stoff

Textile Biocomposites im Automobilbau

disserta
Verlag

Stoff, Jann: Textile Biocomposites im Automobilbau, Hamburg, disserta Verlag, 2016

Buch-ISBN: 978-3-95935-286-4
PDF-eBook-ISBN: 978-3-95935-287-1
Druck/Herstellung: disserta Verlag, Hamburg, 2016

Bibliografische Information der Deutschen Nationalbibliothek:
Die Deutsche Nationalbibliothek verzeichnet diese Publikation in der Deutschen
Nationalbibliografie; detaillierte bibliografische Daten sind im Internet über
http://dnb.d-nb.de abrufbar.

Kurzfassung

Die vorliegende Arbeit beschäftigt sich mit textilen Biocomposites. Dabei werden textile Preforms aus endlosfaserverstärkten Naturfasern über die Flechttechnologie aufgebaut.
In Vorversuchen kommt es zu eingehenden Untersuchungen und einer genaueren Materialauswahl. Dabei werden neben reinen Flachsfasern auch sogenannte commingled yarns auf Prozessfähigkeit untersucht. Bei commingled yarns handelt es sich um Fasern, die aus Flachsfasern und PP-Fasern aufgebaut sind. Auch Harzsysteme werden genauer untersucht, wobei der Fokus auf das Epoxydharz MGS RIM 135 und ein biobasiertes Epoxydharz PTP-L gelegt wird. Während der Vorversuche zeigt sich, dass eine genauere Untersuchung der commingled yarns nicht möglich ist, da die erzielte Laminatqualität nicht ausreicht, um die mechanischen Eigenschaften genauer zu untersuchen. Daher kommt es nur zu einer Kennwertermittlung von Flachsfaserlaminaten in Verbindung mit den beiden Epoxydharztypen. Um die Ergebnisse besser vergleichen zu können werden analog Glasfasergeflechte mit den gleichen Harzsystemen aufgebaut, um eine gute Vergleichbarkeit von Faser, aber auch Harz zu gewährleisten.
Der Hauptteil der Arbeit befasst sich mit der Kennwertermittlung und soll zeigen, welche mechanischen Eigenschaften Flachsfasern besitzen, außerdem wird ein Vergleich zwischen Flachs- und Glasfaser gezogen. Dazu werden Prüflaminate hergestellt und durch diverse Prüfverfahren genau getestet.
Parallel dazu sollen Laminatuntersuchungen die Flachsverbunde genauer betrachten, um eine Aussage über die Laminatqualität geben zu können.

Abstract

The present work deals with textile biocomposites. This textile preforms are composed of continuous fiber reinforced natural fibers, processed by weaving.

In preliminary tests it comes to detailed investigations and a more accurate choice of materials. These are in addition flax fibers also as commingled yarns, which were investigated for process capability. Commingled yarns are fibers, which are composed of flax fibers and PP fibers. Also resin systems are examined in detail, the focus is placed on the epoxy resin MGS RIM 135 and a bio-based epoxy resin PTP-L. The preliminary tests show that a closer examination of the commingled yarns is not possible because the laminate quality achieved is not sufficient for the mechanical properties to investigate. Consequently there is only a determination of parameters of flax fiber laminates in conjunction with the two types of epoxy resin. In order to compare the results better analog glass fiber braids are constructed with the same resin systems to ensure good comparability of fiber but also of the resin. The bulk of the work deals with the determination of parameters and is intended to show the mechanical properties flax fibers have. Moreover a comparison between flax fiber and glass fiber will be drawn. These laminates will be manufactured and tested in various tests. In parallel, laminate investigations consider the flax composites more accurately, to give a statement on the laminate quality.

Inhaltsverzeichnis

Nomenklatur

b	Breite (Prüfkörper) [mm]
E	Energie (potentielle)
E_c	Druckfestigkeit [MPa]
E_g	Elastizitätsmodul gemessen [GPa]
E_n	Elastizitätsmodul normiert [GPa]
E_t	Zugfestigkeit [MPa]
ε	Dehnung [mm]
ε_x	Längsdehnung [mm]
ε_y	Querdehnung [mm]
$\Delta\varepsilon$	Dehnung bei ΔP [mm]
F; F_m	maximale Kraft [kN]
g	Erdbeschleunigung [9,81 m/s²]
G_{12}	Schubmodul [GPa]
h	Dicke (Prüfkörper) bzw. Höhe [mm]
m	Masse [kg]
P_u; P_r	maximale Kraft [kN]
ΔP	$P_u/2 - P_u/10$
σ_{tu}	Zugfestigkeit [MPa]
σ_{cu}	Druckfestigkeit [MPa]
$\sigma_{r(E)}$	Druckfestigkeit CAI [MPa]
σ_g	Spannung gemessen [MPa]
σ_n	Spannung normiert [MPa]
t_n	Dicke (Prüfkörper [mm]
τ	Interlaminare Scherfestigkeit [MPa]
τ_{12M}	Schubfestigkeit [MPa]
$\tau_{12}{}'$	Schubfestigkeit bei Υ =0,005
$\tau_{12}{}''$	Schubfestigkeit bei Υ =0,001
w	Breite (Prüfkörper) [mm]
φ	Faservolumengehalt [Vol.%]
Υ	Differenz aus Quer- und Längsdehnung ($\varepsilon_x - \varepsilon_y$) [mm]
$\Upsilon_{12}{}'$	$\varepsilon_x - \varepsilon_y = 0{,}005$
$\Upsilon_{12}{}''$	$\varepsilon_x - \varepsilon_y = 0{,}001$

Abkürzungsverzeichnis

AITM	Airbus Test Method
CAI	Compression after Impact
CFK	Kohlenstofffaserverstärkte Kunststoffe
CO_2	Kohlendioxid
DMS	elektrischer Dehnmessstreifen
EP-Harze	Epoxydharze
FVK	Faserverstärkte Kunststoffe
GFK	Glasfaserverstärkte Kunststoffe
IFB	Institut für Flugzeugbau
ILS	Interlaminare Scherfestigkeit
IPSS	In-Plane-Shear-Stress (Schubspannung)
KFZ	Kraftfahrzeug
LKW	Lastkraftwagen
NFK	Naturfaserverstärkter Kunststoff
PP	Polypropylen
PTP	Polymer aus Tryglyceriden und Polycarbonsäureanhydriden
PUR	Polyurethan
RT	Raumtemperatur
RTM	Resin Transfer Moulding
HTS	High tensile strength
tex	Maßzahl zur Feinheit von Faser [g/1000m]
UP-Harze	Ungesättigte Polyester-Harze
VARI	Vacuum Assisted Resin Infusion
WPC	Wood Plastic Composite

Vorwort und Danksagung

Die Ihnen vorliegende Arbeit entstand im Rahmen meiner Diplomarbeit an der Fachhochschule Rosenheim im Studiengang Kunststofftechnik. Die Erstellung der Diplomarbeit erfolgte am Institut für Flugzeugbau zwischen März und September 2010 in Stuttgart.

Mein besonderer Dank gilt Dipl.-Ing. Frank Härtel, der für die Betreuung der Diplomarbeit am Institut für Flugzeugbau verantwortlich war und zu jeder Zeit mit Rat und Tat zur Verfügung stand und eine feste Unterstützung für mich war.
Ich wünsche ihm für die angestrebte Promotion und den weiteren Lebensweg alles Gute.

Weiterhin möchte ich mich bei Prof. Dr.-Ing. Schemme bedanken, der als Erstprüfer die Betreuung der Diplomarbeit seitens der FH übernommen hat. Auch Prof. Dipl.-Ing. Karlinger gebührt mein Dank für die Übernahme der Zweitprüfung.

Allen Mitarbeitern des Instituts für Flugzeugbau danke ich für die Unterstützung in der Durchführung dieser Arbeit.

1.   Einführung

Faserverstärkte Kunststoffe werden aufgrund ihrer verschiedenen Eigenschaften heute in vielen Anwendungsgebieten eingesetzt. Betrachtet man die Automobilbranche, ist auffallend, dass der Marktanteil der FVK seit Jahren stetig steigt. Gerade das hohe Leichtbaupotential und die mit den Fasern verbundenen hohen spezifischen Festigkeiten und Steifigkeiten sind nur einige Gründe dafür, dass faserverstärkte Kunststoffe vermehrt zum Einsatz kommen. Der hohe öffentliche Druck auf die Automobilhersteller, Autos zu entwickeln, die einen möglichst geringen Verbrauch aufweisen, führt zu einem Umdenken bei den Herstellern. Auch der Trend in Richtung Elektroauto und die damit verbundene Steigerung des Gewichts eines KFZ durch die Akkus, die notwendig sind, um die Energie für den Fahrbetrieb zu speichern, sorgen dafür, dass die Hersteller gezwungen sind, an anderer Stelle Gewicht einzusparen. Die Faserverbunde mit ihrem hohen Leichtbaupotential spielen daher in den Überlegungen und Entwicklungen eine immer größere Rolle.

Eine sich zunehmend etablierende Werkstoffgruppe in diesem Sektor der Verbundwerkstoffe sind die naturfaserverstärkten Kunststoffe, welche sich durch ihre sehr preiswerte Herstellung und die Unbedenklichkeit der Verstärkungsfasern auszeichnen [1]. Gerade in Verbindung mit den steigenden Rohölpreisen und der Politik, die mit staatlichen Restriktionen gegenüber der Umwelt ökologische Entwicklungen vorantreibt, kommt es zu diesem Bedeutungsgewinn.

Angesichts immer knapper werdender Ressourcen und zunehmender Umweltbelastungen müssen über Energieeinspareffekte durch Leichtbauweisen hinaus jedoch zunehmend auch Aspekte der Rohstoffgewinnung und stofflichen Verwertung nach dem Ende von Produktlebenszeiten betrachtet werden [2]. Gerade bei einer Verwendung von Kunststoffen auf petrochemischer Basis sind Produktion, Nutzung und Entsorgung im Bezug auf Gesichtspunkte der Umweltverträglichkeit meist problematisch. Bei konventionellen Faserverbundbauteilen ist eine Entsorgung nur mit sehr großem technischem Aufwand möglich. Werden Pflanzenfasern wie z. B. Flachs, Hanf oder Ramie (Zellulosefasern) in polymere Matrizes eingebettet, so können Faserverbunde hergestellt werden, die durch rohstoffliches Recycling (z. B. durch Pyrolyse zu Methanol), durch „CO2-neutrale" thermische Verwertung oder u. U. durch Kompostierung umweltverträglich im Stoffkreislauf geführt werden können [2]. Durch Naturfaser-Verbundwerkstoffe ist ein erhebliches CO_2-Einsparpotential möglich, wie einige Studien bisweilen eindrucksvoll belegen konnten. So kann über jedes Kilogramm Naturfaser, das Glasfasern in Verbundwerkstoffen substituiert, über den gesamten Lebensweg, also einschließlich des Anbaus und der Entsorgung bzw. Recycling 1,4 kg CO_2 eingespart werden [3]. Gerade in der heutigen Zeit, in der sich die Industrienationen dazu verpflichtet haben, ihre CO_2-Ausstöße deutlich zu reduzieren, ergeben sich durch NFK erhebliche Einsparpotentiale. Auch bei der thermischen Verwertung haben die Naturfasern im Vergleich zu Glasfasern durchaus Vorteile: Bei einer Verbrennung von Glasfasern ergibt sich das Problem der Schlackenbildung, während Naturfasern als weitgehend reine Zellulose gut und auch sauber verwertet werden können. Auch bei einer stofflichen Verwertung überzeugen die Naturfasern. Grundsätzlich kommt es beim Recycling von Glasfasern zu einem Brechen in immer kürzere Glasfasern, womit eine geringere Verstärkung verbunden ist. Naturfasern hingegen brechen praktisch nicht und können damit ohne größeren Qualitätsverlust neu verarbeitet werden.

NFK besitzen neben all diesen Aspekten durchaus gute technische und ökonomische Eigenschaften und verfügen darüber hinaus über Wettbewerbsvorteile. Das Hauptanwendungsgebiet liegt derzeit in eher untergeordneten Baugruppen, wie Türinnenverkleidungen oder ähnlichen Bauteilen, welche nur sehr geringen Belastungen ausgesetzt sind. Dabei kommen primär relativ kurze Naturfasern zum Einsatz, die nur sehr geringe mechanische Eigenschaften besitzen. Dabei können auch Naturfasern Eigenschaften aufweisen, die einen Einsatz auch für höher belastete Bauteile möglich machen würden bzw. auch schon zulassen. Kurz zusammengefasst verfügen Naturfasern generell über folgende Vor- und Nachteile.

Einige Gründe bzw. Vorteile für den Einsatz der NFK:

- Zunehmende Preisattraktivität
- Ökologische Vorteile (neutraler CO2-Kreislauf, Nachhaltigkeit)
- Hohe Versorgungssicherheit (europäische Fasern)
- Hohe Festigkeit (vergleichbar mit Glasfaser)
- Hohe Dämpfungseigenschaften, gutmütiges Bruchverhalten
- Gute Verarbeitung
- Gewichtsersparnis

Nachteile:
- Feuchtigkeitsaufnahme und –Abgabe der Fasern
- Schwankende Qualitäten
- geringe Akzeptanz

Beim Betrachten der Werkstoffeigenschaften von Bioverbunden zeigt sich schon heute, dass bei gleichem Faservolumengehalt die Eigenschaften von GFK annähernd erreicht werden können. Unter Berücksichtigung der Dichte fällt auf, dass die Dichte von Naturfasern deutlich unter der Dichte von Glasfasern liegt. Somit lassen sich bei gleichem Bauteilgewicht bessere mechanische Eigenschaften erzielen oder bei gleichen mechanischen Eigenschaften ein deutlich geringeres Bauteilgewicht (10 – 40 %) realisieren. Folgende Abbildung zeigt Biegeeigenschaften einiger Bioverbunde im Vergleich mit GFK und soll nochmals darlegen, dass naturfaserverstärkte Kunststoffe durchaus an GFK heranreichen können.

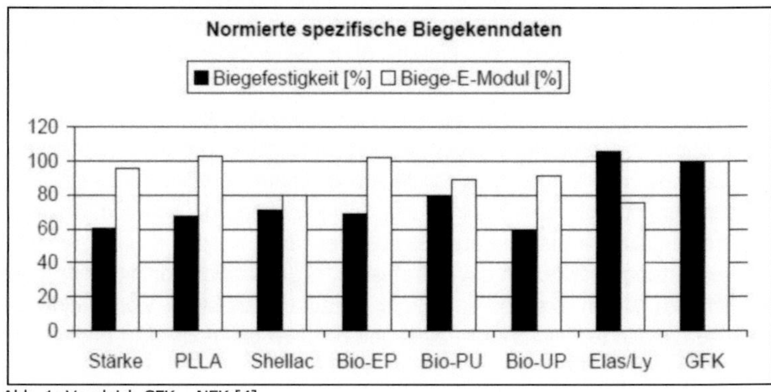

Abb. 1: Vergleich GFK – NFK [4]

Um einen Einsatz der naturfaserverstärkten Kunststoffe auch für stärker belastete Bauteile oder gar Karosseriebauteile zu ermöglichen, ist es notwendig die NFK genauer zu erforschen. Gerade der Sektor von endlosnaturfaserverstärkten Kunststoffen stellt einen relativ neuen Markt dar und wird zukünftig eine wichtigere Rolle einnehmen. Auch diese Diplomarbeit soll dazu einen Beitrag leisten und die Eigenschaften von Endlosfasern auf der Basis nachwachsender Rohstoffe genauer untersuchen.

2.   Aufgabenstellung und Ziel der Arbeit

Ziel der Diplomarbeit ist das Ermitteln von Kennwerten textiler Biocomposites. Die ermittelten Eigenschaften sollen mit den Eigenschaften der synthetischen Fasern abgeglichen werden, um eine charakteristische Aussage über die Fähigkeiten zu geben. Die Kennwerte der Naturfasern werden primär mit den Kennwerten der Glasfasern verglichen werden, da die Eigenschaften der Naturfasern durchaus an die der Glasfasern heranreichen können und daher ein Vergleich dieser Materialien am meisten Sinn macht.

Die Diplomarbeit umfasst eine Einarbeitung in die Naturfaserverbundwerkstoffe und die Preformtechnologien. Die Arbeit wird sich ausschließlich mit dem Flechten als Verfahren zur textilen Preformherstellung beschäftigen.

Eine Auswahl von geeigneten Fasern und Harzsystemen soll in Vorversuchen genauer eingeschränkt werden, wobei auch ein Augenmerk auf die Verarbeitung von Naturfasern gelegt werden soll.

Nach Auswahl von geeigneten Harz und Fasern wird mit der Kennwertermittlung begonnen werden. Folgende Arbeitspakete sind dabei Bestandteil:

- Textile Preformherstellung (Flechten)
- Infiltrieren der Preforms mit Harz
- Prüfkörperherstellung
- Kennwertermittlung

Es ist das über folgende Prüfverfahren Ziel Kennwerte zu ermitteln:

- Zugprüfung
- Druckprüfung
- Interlaminare Scherfestigkeit ILS
- Compression after Impact CAI
- IPSS (Schub)

Auch eine Untersuchung von Verbundeigenschaften ist fester Bestandteil dieser Diplomarbeit, so z.B.:

- Faservolumengehalt
- Porosität
- Faser-Matrix-Bindung

Die Ergebnisse der Versuche sollen lückenlos und in geeigneter Form nachvollziehbar und verständlich dokumentiert werden.

3. Stand der Technik

3.1 Allgemeines

Betrachtet man den Markt bzw. das Marktvolumen der Naturfasern in Europa, so fällt deutlich auf, dass NFK in der Regel deutlich unterschätzt werden. Gründe hierfür lassen sich relativ schnell erkennen. NFK werden zum weit überwiegenden Teil nur in der Automobilindustrie eingesetzt und hier vor allem in der deutschen Automobilindustrie [5]. Weiterhin werden Naturfasern fast ausschließlich in Formpressverfahren verarbeitet, dabei werden Vorprodukte, wie z.B. Vlies bzw. ein Naturfaser-Polypropylen-Gemisch verwendet. Dies hat zur Folge, dass der Markt für Naturfasergranulat nur sehr unbedeutend ist und sich dadurch von üblichen Kunststoffmärkten absetzt und so nur einen relativ geringen Anklang findet. Bei diesen Anwendungen handelt es sich fast ausschließlich um kurzfaserverstärkte Kunststoffe, langfaserverstärkte Kunststoffe kommen aber durchaus auch zum Einsatz.

Es muss aber beachtet werden, dass man in manchen Fällen schon ab einer Faserlänge von 2 mm von einer Langfaserverstärkung spricht. Gerade in WPC kommen Langfasern häufig zum Einsatz und tragen dadurch zu einem Anteil von 22,3 % an der europäischen Produktion ausgewählter faserverstärkter Kunststoffe bei (Abb. 2). Da sich diese Arbeit jedoch mit einer Endlosfaserverstärkung beschäftigt, ist natürlich auch dieser Bereich besonders interessant. Ein Anteil der endlosfaserverstärkter Kunststoffe taucht in der folgenden Abbildung nicht auf, da der Anteil im Vergleich zu den anderen Kunststoffen zu gering ist. Betrachtet man den Anteil der kohlenstofffaserverstärkten Kunststoffe mit 0,4 %, dann fällt auf, dass bereits diese Produktsparte im Vergleich zu den anderen verschwindend gering ist. Ein Anteil von endlosnaturfaserverstärkten Kunststoffen könnte an dieser Stelle nur geschätzt werden und muss im Vergleich zu kohlenstofffaserverstärkten Kunststoffen nochmals um ein deutliches niedriger liegen. Das liegt natürlich auch daran, dass es sich bei den Endlosnaturfasern noch um absolute Nischenprodukte handelt, deren Entwicklung gerade erst begonnen hat. Endlosfaserverstärkte Fasern kommen derzeit nur sehr selten zum Einsatz, werden aber zukünftig eine immer wichtigere Rolle einnehmen.

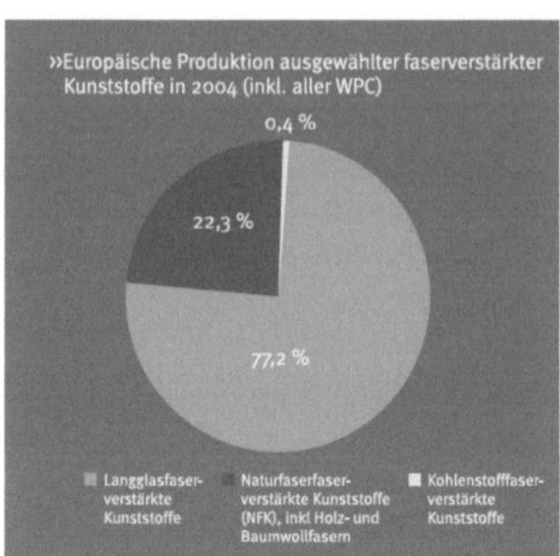

Abb. 2: Europäische Produktion von NFK in 2004

Ein weiterer Grund für einen zunehmend stärker werdenden Markt der Naturfasern zeigt Abbildung 3.
Betrachtet man die Preisentwicklungen des Rohöls in den letzten Jahren, so ist ein deutlicher Preisanstieg zu erkennen. Unter diesem Hintergrund ist auch ein Steigen der Preise für Thermoplaste nur verständlich und logisch, da Thermoplaste auf Rohöl basieren.

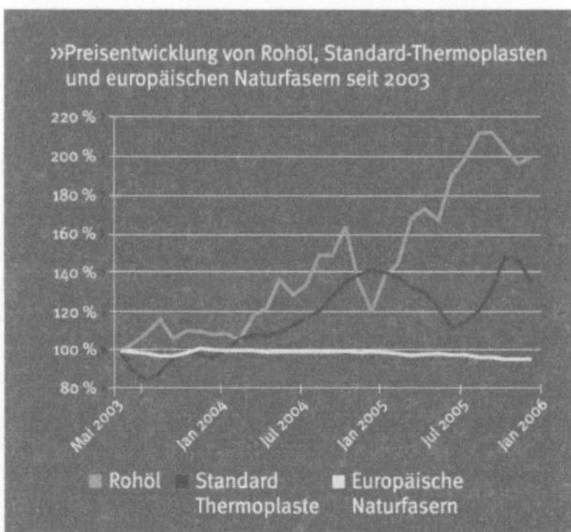

Abb. 3:Preisentwicklungen von Rohöl, Thermoplasten und Naturfasern [5]

Die Preisentwicklung von Naturfasern hingegen ist über die Jahre relativ stabil geblieben und liegt deutlich unter den Preisentwicklungen von Rohöl und Kunststoffen. Für die nächsten Jahre wird zwar erwartet, dass die Preise für NFK aufgrund erhöhter Nachfrage und anspruchsvoller Lösungen ansteigen werden, dennoch wird das Preisniveau voraussichtlich weiterhin deutlich unter dem der rohölbasierenden Kunststoffe liegen.

3.2   FVK im Automobilbau

Grundsätzlich haben die Automobilhersteller erkannt, welches Potential in faserverstärkten Kunststoffen liegt. Gerade kohlenstofffaserverstärkte Kunststoffe helfen dabei, das Gewicht eines Fahrzeuges und somit auch den Verbrauch zu reduzieren. Diesbezüglich finden diese Werkstoffe auch immer mehr Einzug in der Automobilindustrie, der Markt ist seit Jahren stetig am steigen. Mit CFK ist eine Gewichtsreduzierung gegenüber Stahl bis zu 50 % und gegenüber Aluminium bis zu 30 % möglich. Auch eine Verbesserung der Crashperformance ist sehr gut machbar, betrachtet man z.B. Monocoques bei Formel-1-Rennwagen, die bei maximalem Leichtbau für eine sehr hohe Crashsicherheit sorgen und dem Stahl dabei weit überlegen sind.
Beim Betrachten des Gewichts von Fahrzeugen heute im Vergleich zu früher fällt auf, dass eine Gewichtsreduzierung dringend notwendig ist. Das Gewicht eines VW Golf I betrug ca. 750 – 810 kg, während ein aktuelles Modell (Golf VII) 1142 bis 1399 kg wiegt. Diese Gewichtszunahme ist vor allem in einer Anpassung der Motorleistung, der Karosseriesteifigkeit, des Getriebes und des Antriebsstrangs und von Package-Angleichungen (Radabstand, Fahrzeuglänge) zu suchen, die in Verbindung mit Sicherheit, Komfort, Qualität und Gesetzgebung notwendig geworden sind. Gerade mit Faserverbundwerkstoffen kann dieser Trend gestoppt werden und es langfristig zu einer Reduzierung des Gewichts

kommen, wie an folgender Gewichtsspirale zu erkennen ist, in der auch die FVK eine wichtige Rolle einnehmen.

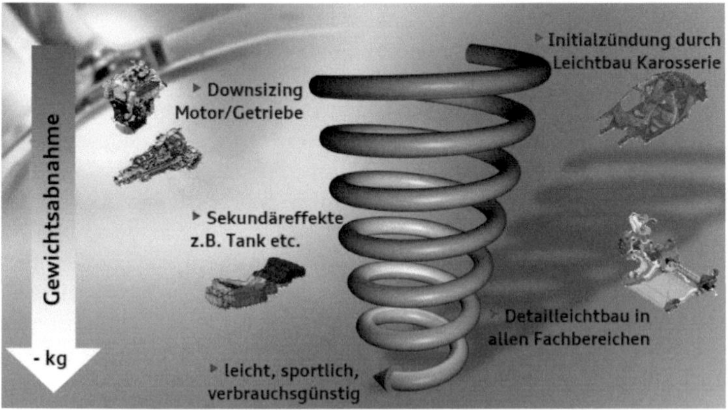

Abb. 4: Motivation Leichtbau: Umkehr der Gewichtsspirale [6]

Besonderer Vorteil eines Autos mit geringerem Gewicht ist natürlich der geringere Spritverbrauch, nebenbei der geringere CO_2-Ausstoss und ein generell besseres Fahrverhalten.

Doch bisher haben faserverstärkte Kunststoffe nur den Einzug im Premiumsektor feiern können. Das große Problem der Kohlenstofffasern liegt in der Wirtschaftlichkeit. Zum jetzigen Zeitpunkt ist die Produktion von faserverstärkten Bauteilen schlicht und einfach zu teuer, um in Großserien-Autos, wie einem VW Golf oder Polo zum Einsatz zu kommen, auch wenn sich der Werkstoff in diesen Autos sicher anbieten würde. Diese Tatsache wird auch in folgender Tabelle deutlich, die tolerierbare Mehrkosten für eine Gewichtsminderung zeigt. So ist ein Automobilhersteller bereit, für ein Bauteil aus Faserverstärkten Kunststoffen, das gegenüber einer Stahl- bzw. Aluminiumalternative 1 kg einspart, nur 5 € mehr zu bezahlen. Eine Größenordnung, die derzeit mit FVK nur schwer zu erzielen ist.

	€/kg	€/Gew.-%
Raumfahrt	5.000	5.000.000
Großraumflugzeug	500	500.000
Regionalflugzeug	250	50.000
Auto	5	50

Tabelle. 1: zulässige Mehrkosten im Bezug zur Gewichtsersparnis

Mit Carbon könnte man sicher 20 % Gewicht einsparen, egal ob bei einem Sport- oder bei einem Kleinwagen, wird ein Projektleiter bei Mercedes Benz zitiert. Die Produktion eines Fahrzeugs aus Kohlenstoffasern ist heutzutage noch zu kompliziert und zu langwierig und die Tatsache, dass Carbon ein sehr zeit- und arbeitsintensiver Werkstoff ist, verhindert derzeit den Einzug in Großserienfahrzeuge. Hinzu kommt, dass erforderliche Stückzahlen derzeit einfach noch nicht möglich sind. Betrachtet man z.B. branchenübliche Herstellungszahlen von Kleinwagen mit 100.000 Stück pro Jahr, so ergeben sich bei angenommenen 200

Arbeitstagen im Jahr 20 Stück pro Stunde bzw. 3 Minuten pro KFZ. Im Umkehrschluss bedeutet dies, dass auch mögliche Komponenten aus Faserverbundwerkstoffen für das KFZ in dieser Zeit hergestellt werden müssten, um vergleichbaren jährlichen Stückzahlen zu erreichen. Diese Zahl ist derzeit noch nicht zu realisieren und auch hier gilt es noch viel Entwicklungsarbeit zu leisten, um die Produktionszeiten für Faserverbundbauteile zu reduzieren.

Deshalb beschränkt sich der Einsatz auf Sportwagen, die mit geringen Stückzahlen eine Herstellung wirtschaftlich machen. Dass kohlenstoffverstärkte Kunststoffe den Einzug in die Automobilindustrie und auch Bereiche der Großserienfahrzeuge schaffen, wird kaum noch bezweifelt. Allerdings braucht es dafür vor allem innovative Schritte auf dem Gebiet der Prozess- und Fertigungstechnik [33]. Grundvoraussetzung ist zudem, dass man FVK-Bauteile in kurzer Zeit in hoher Stückzahl herstellen kann, um dadurch auch auf ein vernünftiges Preisniveau zu kommen. Dass die Entwicklungen in die richtige Richtung gehen, zeigen aktuelle Meldungen, in denen es heißt, dass Mercedes Benz mit dem japanischen Faserhersteller Toray eine enge Partnerschaft eingeht, so wie BMW und die SGL Group und hiermit die Entwicklungen in die richtige Richtung getrieben werden.

Auch im Bereich der Lastkraftwagen geht die Entwicklung immer mehr in die Richtung der FVK. So werden erste Chassis eines Lastwagenanhängers komplett aus CFK gefertigt, bei einer Länge von 13,6 m und einer Breite von 2,6 m. Diese Alternative ist um 2,5 Tonnen leichter als der gewöhnliche Auflieger aus Stahl, jedoch befindet sich die CFK-Alternative derzeit noch im Prototypenstatus bzw. in der Testphase. Der neue Anhänger ist deutlich leichter, mit einer besseren Aerodynamik, der Ausstoß an CO_2 sinkt um bis zu 15 %. Derzeit geht man zwar davon aus, das der Anhänger in einer Serienproduktion um 20 bis 30 % teurer ist als der konventionelle Anhänger, jedoch wären diese erhöhten Kosten aufgrund geringerer Treibstoffmengen oder eines erhöhten Transportvermögens innerhalb von 2 Jahren wieder eingefahren. Diese Zahlen belegen eindrucksvoll, dass auch die Zukunft im Lastwagenbau den Verbundwerkstoffen gehört. Derzeit befinden sich 6 Prototypen auf deutschen Straßen und werden genauer getestet, mit der Serienproduktion soll spätestens 2015 begonnen werden.

Faserverstärkte Kunststoffe werden folglich zukünftig eine immer wichtigere Rolle im Automobilbau einnehmen und ihren Anteil weiter steigern können.

3.3 NFK im Automobilbau

Wie bereits erwähnt kommen NFK primär in der Automobilindustrie zum Einsatz. Seiner Zeit voraus war bereits der Trabi, dessen Karosserie-Beplankung aus phenolharzverstärkten Baumwollfasern hergestellt wurde. Auch in den Führerkabinen der meisten LKW sind Teile der Karosserie aus Naturfasern bereits Stand der Technik. Genauer eingegangen werden soll aber auf die S-Klasse aus dem Hause Mercedes-Benz. In dem Fahrzeug werden insgesamt 27 Teile aus NFK eingebaut, bei einem Gesamtgewicht von 42,7 kg. Im Gegensatz zum Vorgängermodell, bei dem 24,6 kg an NFK verbaut wurden, ist das eine Steigerung von 73 %. Diese Zahl zeigt deutlich, das Potential für NFK vorhanden ist und auch in der Automobilindustrie immer mehr auf natürliche Rohstoffe zurückgegriffen wird.

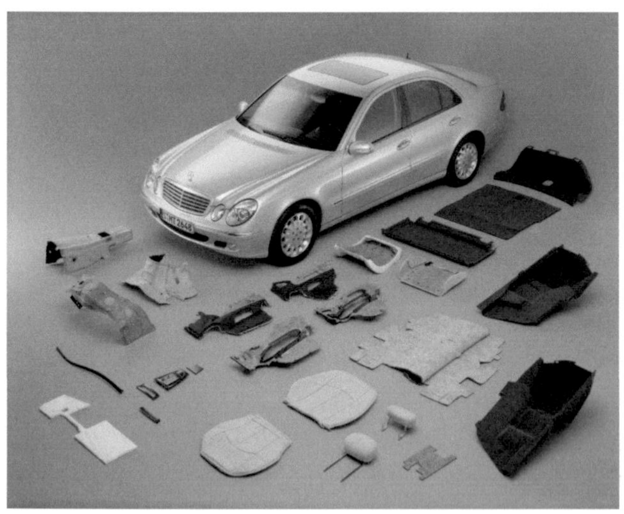
Abb. 5: Mercedes S-Klasse und die eingebauten NFK-Produkte [3]

In den Bauteilen kommen neben Holz-, Baumwoll-, und Flachs- auch Kokosfasern zum Einsatz, die mit unterschiedlichen Polymerwerkstoffen kombiniert werden. An der Sitzlehnenverkleidung befestigte Halterelemente werden mittels des Spritzgießverfahren hergestellt, ein Verfahren, welches für NFK erstmalig in der Serienproduktion zum Einsatz kommt.

Auf die gesamte Automobilbranche gesehen, hat sich der die Menge der verarbeiteten NFK zwischen 1999 und 2005 verdoppelt, wie Abbildung 6 zeigt.

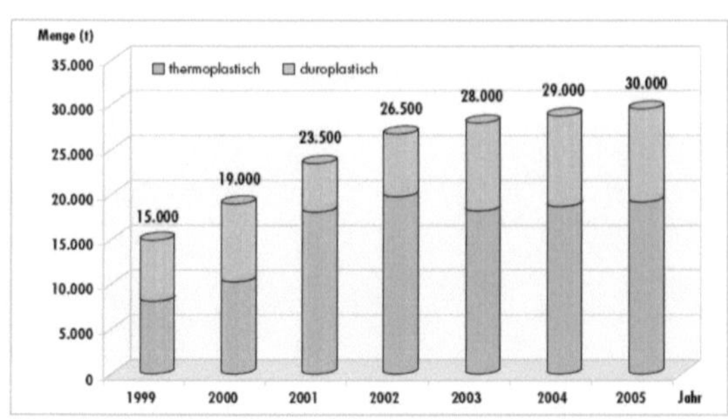

Abb. 6: steigende Nutzung von NFK im Automobilbau [3]

Das hat zur Folge, dass durchschnittlich pro Kraftfahrzeug 3,6 kg Naturfasern verarbeitet werden, wobei Holz- und Baumwollfasern hierbei noch nicht berücksichtigt sind. Insgesamt kommen inklusive Holz und Baumwolle sogar 16 kg pro Fahrzeug zum Einsatz. Es muss jedoch klar hervorgehoben werden, dass es sich dabei fast ausschließlich um kürzere Fasern bzw. Schnittfasern handelt. Eine Endlosnaturfaserverstärkung kommt im Automobilbau noch nicht bzw. nur sehr selten zum Einsatz.

3.4 Endlosfaserverstärkung aus Naturfasern

Im Außenbereich bzw. in der Karosserie, wo ein Einsatz einer Endlosfaserverstärkung sinnvoll wäre, haben sich NFK noch nicht durchgesetzt, interessante Ansätze wurden allerdings bereits geschaffen. So wurde z.B. das Bioconcept-Car, ein Mustang GT RTD aus NFK aufgebaut.
Dabei wurde auch unter Beweis gestellt, dass die Werkstoffe sehr leistungsfähig sind.
Dieses Rennauto besitzt erstmalig eine Karosserie aus Bioverbunden, wobei Türen, Kotflügel, Stoßstangen, Heckklappe und Heckflügel aus Naturfasern hergestellt wurden. Die Bauteile sind stabil genug, um auch den extremen Belastungen im Motorsport standzuhalten. 2009 wurde als Weiterentwicklung ein BC Renault Megané Trophy präsentiert, die mehrteilige Karosserie besteht dabei auch aus Biofaserbauteilen.

Abb. 7, 8: Rennsportfahrzeuge mit Naturfaseranteilen [7]

Abb. 9: Heckspoiler aus NFK [8]

Weitere Studien zeigen, dass die Tendenz eindeutig in Richtung Leichtbau und auch Naturfasern im Automobilbau geht. Bei einer Fahrzeugstudie von Gii Productions ist die Karosserie aus NFK aufgebaut und auch bei BMW mit der Entwicklung des MCV (Megacity Vehicle) will man konsequent auf Carbon und auch Naturfasern setzen, die in Karosseriebauteilen zur Anwendung kommen.

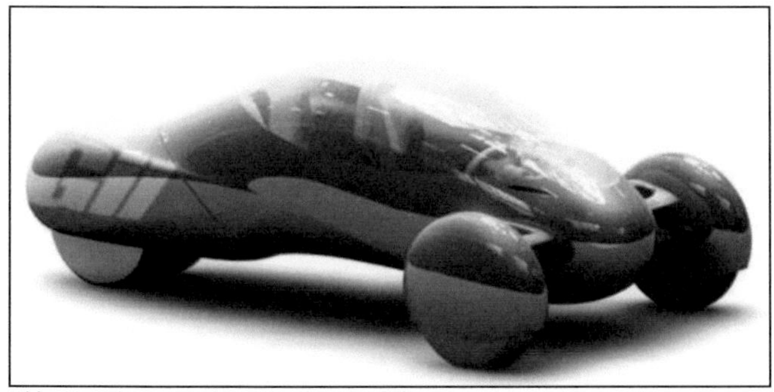
Abb. 10: Fahrzeugstudie Gii Productions [9]

Abb. 11: BMW MCV [10]

4.   Verwendete Maschinen, Materialien, Methoden

4.1   Verwendete Materialien

4.1.1   Fasern

Das folgende Kapitel gibt einen Überblick über die in der Diplomarbeit verwendeten Fasern. Dabei wird nur genauer auf die Fasertypen eingegangen, die auch später bei der Kennwertermittlung verwendet werden.

4.1.1.1   Einführung Naturfasern

Naturfasern lassen sich in mineralische, tierische und pflanzliche Fasern unterteilen, wobei alle pflanzlichen Fasern aus Zellulose aufgebaut sind. Im Gegensatz dazu sind tierische Fasern aus Proteinen aufgebaut. Pflanzenfasern lassen sich weiter in Bast- und Hartfasern unterteilen. Die Bastfasern werden dabei ausschließlich aus den Pflanzenstängeln gewonnen. Einen Überblick über die wichtigsten Fasern, die technisch genutzt werden, zeigt die folgende Abbildung. Dazu zählen neben „gewöhnlichen" Fasern, wie Baumwolle und Hanf auch exotische Fasern, wie Kokos oder Ananas. Gerade für Faserverbundbauteile ist es wichtig, sehr dünne Fasern einzusetzen, da durch das große Oberflächen/Volumen-Verhältnis sehr gute Haftungen zwischen Matrix und Faser erzielt werden.

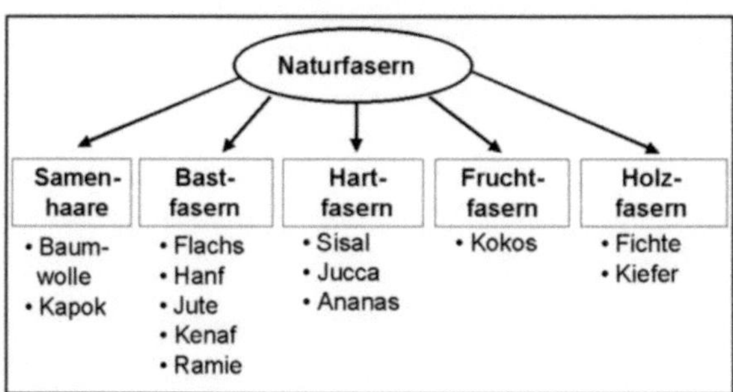

Abb.12: Übersicht Naturfasern

Zu den bedeutendsten Fasern in der deutschen Automobilindustrie zählt neben der Flachsfaser auch die Hanffaser.

Grundsätzlich wird in dieser Diplomarbeit mit Flachsfasern gearbeitet, d. h. es werden Kennwerte auch nur für Flachsfasern ermittelt. Zwar wäre eine Kennwertermittlung gerade für exotische Fasern sehr reizvoll, jedoch soll die Priorität auf Fasern gelegt werden, welche möglichst in Europa angebaut werden und somit eine hohe Versorgungssicherheit gegeben ist. Des Weiteren muss sichergestellt werden, dass Materialien in ausreichender Menge zur Verfügung stehen. Die Flachsfaser ist gerade im Bezug auf diese beiden Anforderungen sehr gut geeignet.

4.1.1.2   Flachsfaser

Leinen oder Flachs ist die Faser aus der Flachsfaser. Wurde Flachs Ende des 19. Jahrhunderts fast vollständig durch Baumwolle verdrängt, so gewinnt die Faser heutzutage wieder mehr an Bedeutung, vor allem als ökologische Naturfaser.

4.1.1.2.1   Allgemeines

Die Flachsfaser wird aus den Stängeln der Flachspflanze gewonnen, dabei handelt es sich um eine Bastfaser. Die 2,5 bis 6 cm langen Elementarfasern aus Zellulose sind durch Pektine zu den 50 bis 90 Zentimeter langen Fasern verbunden, diese Fasern werden auch als technische Fasern verwendet. Früher wurden Flachsfasern fast ausschließlich im Textilbereich verwendet, mittlerweile kommen diese Fasern durch ihren industriellen Einsatz auch in Faserverbundwerkstoffen vermehrt zum Einsatz.

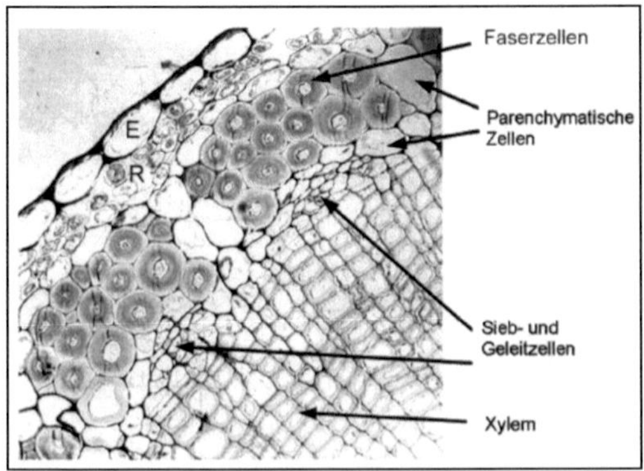

Abb.13: Segment aus dem Querschnitt einer Sprossachse [11]

Die Flachsfaser besitzt sehr dicke Zellwände, die durch sekundäre Wandauflagerungen entstanden sind, diese können bis zu 90 % des Zellquerschnitts ausmachen. Die Zellwände sind dabei aus Zellulose und sind nicht lignifiziert (verholzt).

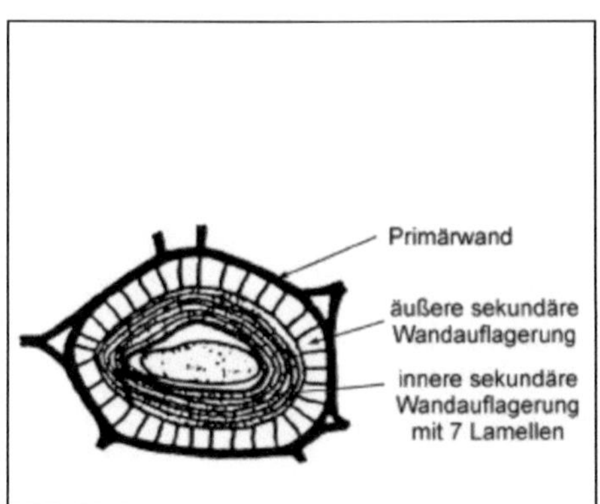

Abb.14,15: Schema des Querschnitts und Querbruch durch eine einzelen Faser [11]

4.1.1.2.2 Herstellung

Bei der Ernte werden die Pflanzen nicht abgemäht, sondern von speziellen Maschinen aus dem Boden gerissen, damit die Fasern nicht beschädigt werden. Beim anschließenden Trocknen der Pflanzen reißt die äußere Schicht (Epidermis) auf, eindringende Mikroorganismen sorgen in einem späteren Verarbeitungsschritt (Röste) dafür, dass sich die Bindung zwischen den Faserbündeln und dem umgebenden Gewebe löst. Dieser Schritt muss jedoch zum richtigen Zeitpunkt unterbrochen werden, um eine Schädigung der Fasern durch die Bakterien zu verhindern. Grundsätzlich gibt es eine Reihe von unterschiedlichen Methoden der Röste, hierauf soll jedoch nicht näher eingegangen werden. Chemische Verfahren haben sich nicht durchgesetzt, da die Fasern zu stark angegriffen werden.

In einem nachfolgenden Schritt werden die Langfasern von den übrigen Bestandteilen, vorwiegend kurze Flachsfasern oder Schäben (Holzkern) getrennt, gehechelt, parallelisiert und gereinigt. Anschließend entstehen die eigentlichen Fasern bei einem Spinnprozess. Die Langfasern werden vor dem Verspinnen zu einem Band vereinigt, mehrfach gestreckt und mit anderen Bändern vermischt (doubliert), um so eine möglichst homogene Qualität zu erreichen [12]. Der Spinnprozess der Fasern erfolgt im nassen Zustand, die Bänder werden dabei zu feinen, homogenen Fäden bzw. Filamenten gestreckt. Dabei lösen sich auch die Pektine, die Fasern lassen sich besser verarbeiten und gegeneinander verziehen. Ein abschließender Trockenvorgang beendet die Herstellung von Langfasern auf Flachsbasis.

Abbildung 16 zeigt den Verarbeitungsprozess hin zur technisch nutzbaren Flachsfaser nochmals zusammengefasst. In einem anschließenden Prozess wird aus den Langfasern ein kontinuierlicher Roving hergestellt.

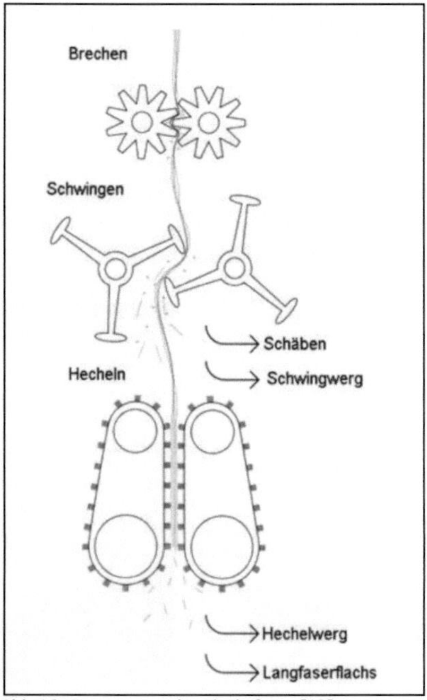

Abb.16: Prozessweg der Flachsfaser [12]

4.1.1.2.3   verwendete Flachsfaser

Für die Diplomarbeit wurden Flachsfasern der Firma Biotex – Composites Evolution aus Großbritannien verwendet. Datenblätter gibt es nicht, dennoch sind einige Informationen bekannt.

Für die Vorversuche wurden Flachsfasern mit 750 tex verwendet, für die Kennwertermittlung die etwas feineren Flachsfasern mit 500 tex. Tex ist eine allgemein gebrauchte Maßeinheit für die Feinheit von Fasern. Bezeichnet wird das Gewicht in Gramm von 1000 m Fasern.

	Flachsfaser	Glasfaser	Kohlenstofffaser
Dichte [g/cm³]	1,5	2,52 – 2,65	1,72 – 1,96

Tab. 2: Vergleich der Dichte einiger Fasern

Auffallend ist die geringe Dichte gegenüber der Glasfaser und auch gegenüber den Kohlenstofffasern besteht noch ein geringes Leichtbaupotential.

Um die Flachsfasern ist ein PP-Faden als Stützfaden gedreht (Abbildung 17 bzw. 18), der die im Mittel 6 - 10 cm langen Flachsfasern zu einer Endlosfaser verbindet. Das Gewicht dieses Stützfadens beträgt 5 Gew.-% des Flachsrovings. Über den Durchmesser der Elementarfasern liegen keine Informationen vor, jedoch zeigen REM-Aufnahmen, dass der Durchmesser einer einzelnen Flachsfaser bei ca. 12 µm liegt.

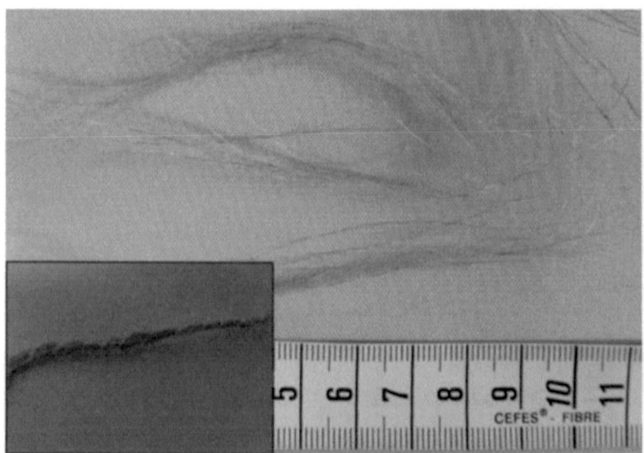
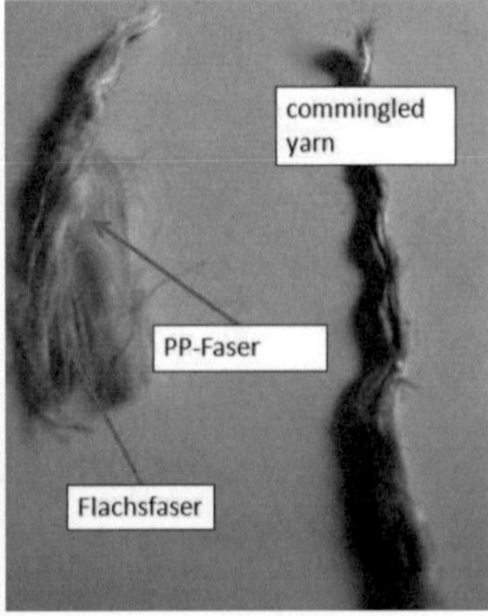

Abb.17: Ansicht Naturfaser, commingled yarn

Im Zuge der Vorversuche wurden auch sogenannte commingled yarns verwendet. Dabei handelt es sich um Flachs- sowie PP-Fasern, die zu einer Art Hybridfaser verarbeitet sind. Der große Vorteil dieser Faserart ist, dass die Matrix schon integriert ist und somit der Prozessschritt der Faserimprägnierung bzw. –infiltrierung nicht notwendig ist. Es gilt zu beachten, dass es sich nur vor der Verarbeitung um eine Art Hybridfaser handelt, denn nach einer Verarbeitung durch z.B. dem Pressen liegt nur noch die Flachsfaser in Faserform vor, die Matrix ist nun wie eine klassische Matrix zu sehen, die die Fasern einbettet.

Insgesamt gibt es verschiedene Möglichkeiten bzgl. der Faserstruktur. Diese sind in folgender Abbildung zu sehen.

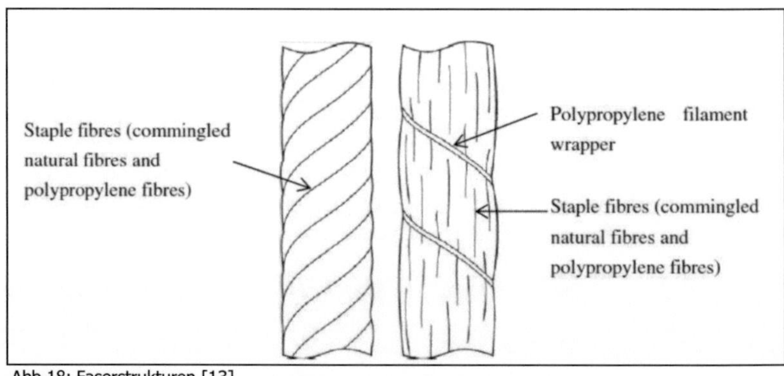

Abb.18: Faserstrukturen [13]

Verwendet wurde sowohl bei den reinen Flachsfasern, als auch bei den commingled yarns die Faserart, bei der die Elementarfasern gerichtet sind und von einem PP-Faden gestützt werden. Der Matrixanteil bei den commingled yarns beträgt in Faserform 30 %.

Die reinen Flachsfasern und die commingled yarns sind somit identisch aufgebaut, nur das bei den commingled yarns zusätzlich PP-Fasern als Matrix eingebracht worden sind.

Verglichen mit den gezwirnten Fasern, haben die hier verwendeten Fasern den Vorteil, dass die Fasern bzw. Filamente gerichtet sind und somit optimal und auch relativ einfach in Belastungsrichtung gelegt werden können. Bei einer gezwirnten Faser kommt es durch die Verdrehung zu geringeren mechanischen Eigenschaften, da die Fasern im Roving nicht gerichtet sind und somit nur der Roving selbst, nicht aber die Elementarfasern in Belastungsrichtung gelegt werden können. Der Stützfaden ist auch notwendig, um die relativ kurzen Elementarfasern zu einem kontinuierlichen Endlosroving zu verbinden und zusammenzuhalten.

4.1.1.3   Glasfaser

Es wurden Glasfasern von der Firma Saint-Gobain Vetrotex verwendet.
Dabei handelt es sich um den Typ EC 13 544 S85 T61C H8 ST

Eigenschaften	
Dichte [g/cm³]	2,6
Typ	E-Glass Endlosfaser
Filamentdurchmesser [µm]	13
Feinheit [tex]	544

Tab.3:   Eigenschaften Glasfaser Typ EC 13 H8 ST

4.1.2   Matrixsysteme

4.1.2.1   Matrix allgemein

Die Eigenschaften eines Bauteils hängen nicht nur von den Fasern, sondern auch von der Matrix ab.

Die Aufgaben der Matrix umfassen dabei:

- Einleitung der Kraft in die Fasern
- Überleitung der Kräfte von Faser zu Faser
- Geometrische Lage der Fasern und Bauteilgestalt sichern
- Schutz der Faser vor Umgebungseinflüssen

Grundsätzlich besteht die Möglichkeit zwischen einer thermoplastischen und einer duromeren Matrix zu wählen. Beide Matrices sind mit Vor- und Nachteilen ausgestattet, wie nachstehende Tabelle zeigt.

	Vorteile	Defizite
Material	- hohe Zähigkeit - geringe Emissionen - geringe Feuchteempfindlichkeit - unbegrenzte Lagerfähigkeit	- Kriechneigung - verringerte Druckfestigkeit und Steifigkeit - schwierige Imprägnierung - Grenzflächenproblematik
Verarbeitung	- kurze Zykluszeiten - einfache Verarbeitung - thermische Nachbearbeitbarkeit - einfaches Recycling	- hohe Verarbeitungstemperaturen und –drücke - Lackier- und Verklebbarkeit - Verarbeitungsinduzierte kristalline Struktur

Tab. 4: Eigenschaftsprofil thermoplastischer Matrices im Vergleich zu duromeren Matrices

Thermoplastische Matrixsysteme finden im Bereich der Flechttechnik nur selten Anwendung, auch in dieser Diplomarbeit wird der Fokus auf ein duromeres Harzsystem gelegt. Bei einem Duromere handelt es sich nach der Aushärtung um engmaschig vernetzte dreidimensional aufgebaute Makromoleküle, die nicht mehr aufschmelzbar sind.

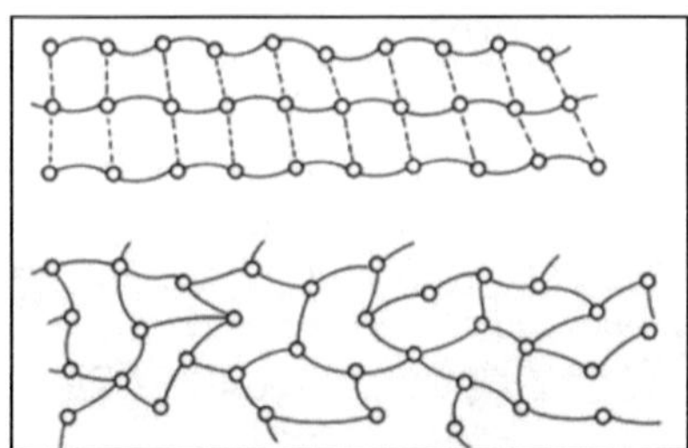

Abb.19: Unterschiedliche Molekülstruktur von Thermoplasten (oben, kettenförmig, eindimensionale Makromoleküle und Duromeren (unten) [31]

Mit Duromeren lassen sich Bauteile mit hohen Steifigkeiten und Festigkeiten herstellen. Der große Vorteil gegenüber Thermoplasten ist die einfache Verarbeitung und Aushärtung bei Raumtemperatur. Das Rektionsverhalten der Harze kann jedoch sehr unterschiedlich sein:

- Polymerisation bei UP-Harzen
- Polyaddition bei Epoxydharzen und PUR
- Polykondensation für Phenolharze

Da in der Diplomarbeit ausschließlich Epoxydharze verwendet werden, wird im Folgenden näher auf diese Materialien eingegangen werden.

4.1.2.1.1   Epoxydharz

Epoxydharz ist eines der gebräuchlichsten Harzsysteme im Bereich der FVK. EP-Harze sind hochwertige Duroplaste mit guten mechanische Eigenschaften, sowie hoher Maßhaltigkeit und Haftung auf Substraten [30]. Es handelt sich meist um Mehrkomponentensysteme aus Harz und Härter. Gerade durch ein Variieren mit den verfügbaren Härtern, lassen sich die Endeigenschaften genau einstellen und auf spezielle Anwendungen zuschneiden. Auch die Topf-, Gelier- und Aushärtezeit lässt sich über den Härter einstellen.
Besondere Eigenschaften von Epoxydharzen sind:

- Hochwertiges Harz (im Vergleich zu UP-Harz)
- Sehr gute mechanische, insbesondere dynamische Eigenschaften
- Gute Haftung
- Hohe Viskosität
- Langsame Härtungsreaktion
- Chemische Beständigkeit
- Hohe Temperaturbeständigkeit (T_g bis über 200°C)

Es gibt viele verschiedene verfügbare Matrixsysteme, die auf die unterschiedlichen Anforderungen der Verbunde angepasst werden müssen. Für einen Hochleistungsfaserverbundwerkstoff erfolgt die Auswahl meistens über Randbedingungen wie der Einsatztemperatur, den mechanischen Belastungen und der Verarbeitungstechnologie. Gerade für Naturfasern ist eine hinreichend geringe Viskosität notwendig, damit eine gute Durchtränkung der Verstärkungsfasern erreicht wird.

4.1.2.1.2   verwendetes Epoxydharz

Bei dem verwendeten Epoxydharz handelt es sich um das Laminierharz MGS RIM 135 von Hexion, der in Verbindung mit dem Härter MGS RIMH 136 verarbeitet wurde. Dieses Epoxydharz ist am IFB das Standardharz für eine Vielzahl von Anwendungen und Bauteilen.
Das Harz ist lösemittel- und füllstofffrei und eignet sich aufgrund der guten mechanischen Eigenschaften für die Herstellung statisch und dynamisch hochbelasteter Bauteile.

4.1.2.1.2.1   Verarbeitung

Laminierharz L135 + Härter 136	
Gewichtsanteile	100:35±2
Volumenanteile	100:40±2
20 - 25°C	6 – 7 h
40 – 45°C	1 – 2 h

Tab. 5: Verarbeitungshinweise Epoxydharz

Die angegebenen Mischungsverhältnisse sind möglichst genau einzuhalten. Eine Erhöhung oder Verringerung der Härteranteile bewirkt keine schnellere oder langsamere Reaktion, sondern nur eine unvollständige Aushärtung des Formstoffs, die auch durch

Nachbehandlungen nicht mehr korrigiert werden kann. Harz und Härter müssen sehr sorgfältig miteinander vermischt werden, im Mischgefäß dürfen keinerlei Schlieren sichtbar sein.

Die optimale Verarbeitungstemperatur liegt bei 20°C – 35°C, höhere Verarbeitungstemperaturen sind möglich, dabei muss allerdings eine verkürzte Topfzeit bedacht werden (Eine Erhöhung der Verarbeitungstemperatur um 10°C verkürzt die Topfzeit auf die Hälfte). Des Weiteren wirkt Wasser (z.B. bei hoher Luftfeuchtigkeit) als Beschleuniger auf die Harz-Härter-Reaktion, jedoch sind keine Einflüsse auf die Festigkeit des gehärteten Formstoffes zu erwarten.

Bei dem Härter MGS RIMH 136 handelt es sich um ein extrem langsames System. Die Härtungszeit beträgt bei RT 2 bis 4 Tage, zusätzlich wird ein anschließendes Tempern für 15 Stunden bei 60°C empfohlen.

4.1.2.1.2.2 Eigenschaften

Einen Überblick über die wichtigsten Eigenschaften zeigt folgende Tabelle. Weitere Informationen sind im Datenblatt zu finden.

Epoxydharz vor der Verarbeitung	
Dichte Laminierharz (25°C) [g/cm³]	1,14 – 1,18
Viskosität (25°C) [mPas]	2300 - 2900
Dichte Härter (25°C) [g/cm³]	0,94 – 0,98
Viskosität Härter (25°C) [mPas]	20 - 100
Epoxydharz ausgehärtet	
Dichte ausgehärtet [g/cm³]	1,10 – 1,20
Biegefestigkeit [N/mm²]	100 - 120
E-Modul [N/mm²]	3200 – 3800
Zugfestigkeit [N/mm²]	70 – 85
Druckfestigkeit [N/mm²]	80 – 100
Bruchdehnung [%]	7,0 – 10
Schlagzähigkeit [KJ/m"]	60 – 80

Tabelle 6: Eigenschaften Epoxydharz

4.1.2.2 PTP-L

Im Rahmen dieser Arbeit wurde auch ein Harz verwendet, das unter der Bezeichnung PTP 1996 entwickelt und zum Patent angemeldet wurde. Es handelt sich dabei um ein Epoxydharzsystem und ist ein Polymer aus epoxydierten Tryglyceriden (Fettsäureglycerinester) und Polycarbonsäureanhydriden. Das Besondere an diesem Harzsystem ist die Tatsache, dass das Harz aus nachwachsenden Rohstoffen aufgebaut ist. Somit lässt sich mit diesem Harz und den Flachsfasern ein Biocomposite herstellen, das gerade im Hinblick auf diese Diplomarbeit als sehr interessant erscheint. Gegenüber konventionellen Faserverbundbauteilen kann dieser Bioverbund durchaus Vorteile vorweisen, so ist eine Abhängigkeit von Öl, gerade im Bezug auf die größer werdende Ölknappheit nicht mehr gegeben. Weiterhin ist dieser Verbund sehr viel CO_2-neutraler als andere

Faserverbundkunststoffe, was im Hinblick auf die Diskussionen rund um das Thema CO_2 durchaus ein großer Vorteil ist.

Von dem PTP gibt es viele Varianten, wodurch die Eigenschaften in eine gewünschte Richtung gelenkt werden können. In der Diplomarbeit wurde ein Standard-Matrixsystem verwendet.

Das Harzsystem ist, wie alle anderen duromeren Harzsysteme biologisch nicht abbaubar, allerdings ist eine thermische Verwertung, wie auch bei konventionellen Verbunden möglich. Eine stoffliche Verwertung ist ebenso nicht möglich, wie z.B. ein Kreislauf zurück zu einem biologischen Material, wobei das Material z.B. durch eine Pyrolyse (biologischer Abbau) in einfache Moleküle destrukturiert wird oder auch Fasern und Matrix getrennt werden und in einem weiteren Schritt wieder ein biologisch abbaubares Material synthetisiert wird. Somit weist das Material keine Vorteile in der Entsorgung gegenüber einem Standardepoxydharz auf, dass PTP-L verhält sich identisch einem konventionellen Verbund und kann daher auch nicht, wie von einem Biomaterial durchaus zu erwarten wäre, vollständig recycelt werden. Dabei wäre ein stoffliches Recycling gerade im Hinblick auf die Altautorichtlinie, die vorschreibt, dass ab 2015 95% eines Autos stofflich verwertet werden müssen, sehr sinnvoll. Hier ist also durchaus Entwicklungspotential zu sehen, ein recyclefähiges Material würde sicher den Weg hin zu mehr Faserverbundwerkstoffen im Automobilbau ebnen. Jedoch müssten die Prozesse auch so steuerbar sein, dass es nicht zu einem Abbau der Verbunde schon in der Anwendung kommt.

Es muss daher klar festgehalten werden, dass die Vorteile des Bioharzes in der Herstellung liegen. Hier kann eindeutig weg vom Öl gegangen und eine Matrix geschaffen werden, die aus nachwachsenden Rohstoffen besteht.

Die CO_2-Bilanz ist im Vergleich zu einem konventionellen Epoxydharz deutlich positiver, wenn man den gesamten Stoffkreislauf von der Herstellung bis zur Entsorgung betrachtet.

Das für die Diplomarbeit verwendete Bioharz besteht zu etwa 60 % aus nachwachsenden Rohstoffen, derzeit ist der im Harz enthaltende Härter aus einer petrochemischen Variante aufgebaut. Jedoch ist es möglich, den Härter auch ökologisch und damit zu 100 % „grün" herzustellen. Dabei verfügt der Härter über die gleiche chemische Summenformel wie die petrochemische Variante. Das Harz ist insgesamt zu 95 % aus nachwachenden Rohstoffen darstellbar.

4.1.2.2.1   Reaktionsmechanismus

Die Hauptkomponenten des Harzsystems sind epoxydierte Triglyceride und Polycarbonsäureanhydride, die miteinander vernetzt werden. Zum Start der Reaktion ist ein Initiator notwendig, hierbei reichen geringe Mengen Polycarbonsäure aus.

Durch den Einsatz von Polycarbonsäureanhydriden werden demnach die durch die Epoxydringöffnung entstandenen benachbarten OH-Gruppen in Form einer Additionsreaktion vernetzt. Die dabei am Polycarbonsäureanhydrid entstandene freie Carbonsäuregruppe öffnet somit wiederum einen weiteren Epoxyring, wobei ebenfalls eine benachbarte OH-Gruppe erhalten wird, die mit einer zusätzlichen Carbonsäureanhydridgruppe unter weiterer Addition reagiert [29]. Der Initiator ist notwendig, um einen ersten Epoxyring aufzubrechen und die Reaktion zu starten. Folgende Abbildung zeigt den Reaktionsverlauf schematisch:

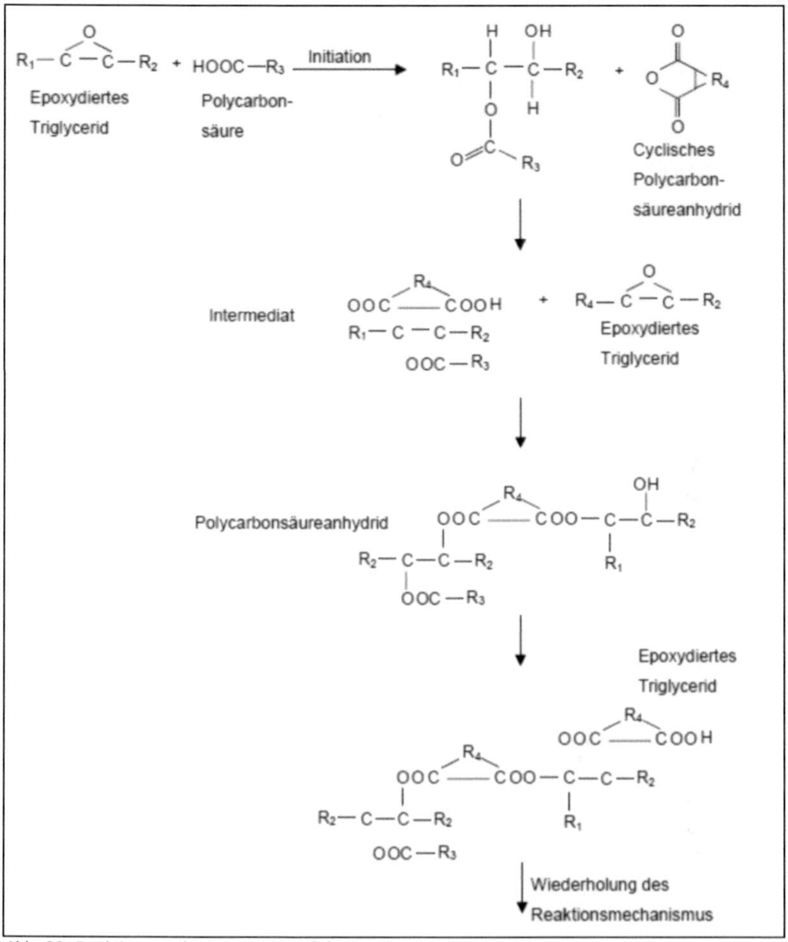

Abb. 20: Reaktionsmechanismus PTP-L [1]

Wie bereits erwähnt lässt sich das Harz in sehr vielen Varianten und somit auch mit unterschiedlichen physikalischen Eigenschaften herstellen. Anstatt der Verwendung von epoxydierten Tryglyceriden können auch hydroxilierte Trygliceride (z.B. Ricinusöl) verwendet werden. Auch als epoxydierten Tryglyceride kann eine große Vielfalt an Ölen verarbeitet werden, jedoch sollen sich die Ausführungen auf einige Beispiele beschränken. So können z.B. Sojaöl, Leinöl, Mandelöl, aber auch Öl von Seetieren verwendet werden.

4.1.2.2.2   Eigenschaften

Grundsätzlich sind die mechanischen Eigenschaften von dem Vernetzungsgrad abhängig. So sorgen z.B. unvollständig polymerisiertes Harz oder Einschlüsse anderer Art für eine Reduzierung der Eigenschaften. Bei dem PTP kommt es generell zu sehr wenigen solcher Fehlstellen, was in einigen wissenschaftlichen Arbeiten bereits belegt wurde. Ein sehr hoher

Vernetzungsgrad ist die Folge. Das Harzsystem ist durch die Viskosität von ca. 350 mPas (bei RT) sehr gut für das VARI-Verfahren geeignet. Bei höheren Temperaturen lässt sich die Viskosität weiter senken, eine sehr gute Tränkung der Fasern mit der Matrix sollte dadurch gewährleistet sein. Im Vergleich dazu hat das Epoxydharz MGS RIM 135 eine Viskosität von 430 mPas bei Raumtemperatur.

Beim Betrachten der Eigenschaften fällt auf, dass das Harzsystem durchaus mit konventionellen Harzsystemen mithalten kann, wie folgende Tabelle des Herstellers zeigt.

Eigenschaften	UP-Harz	PTP-Harz	Einheit
Viskosität (20°C)	1000 – 2000	350	mPas
Biegefestigkeit	90 – 100	90 – 100	N/mm²
E-Modul	3000 – 3500	2000 – 2200	N/mm²
Glasübergang, DMA (1Hz)	>140	120 – 140	°C
Dichte	1,09	1,07	g/cm³
Aushärtetemperatur	>80	100 – 200	°C
Schlagzähigkeit (Charpy)	8 – 10	8 – 10	kJ/m²
Schrumpfung	4 - 7	1,5	%

Tab. 7: Eigenschaften PTP-L

Besonders hervorzuheben gilt es noch die Aushärtezeit des Harzes. Empfohlen wird ein Aushärtevorgang bei 100 – 190 °C, wobei bei Flachsfasern eine Temperatur von 150°C durchaus realistisch ist. Bei Temperaturen von 180 °C ergibt sich eine Aushärtezeit von 80 – 100 Sekunden. Gerade für den Automobilbau und die damit verbundenen kurzen Taktzeiten und hohen Stückzahlen ist dieses Harz sehr interessant in der Verarbeitung und mit großen Vorteilen behaftet.

4.2 Maschinen

Das folgende Kapitel geht genauer auf die Maschinen, die während der Diplomarbeit für die Versuche und die Herstellung der Geflechte bzw. Laminate verwendet wurden ein.

4.2.1 Umspulanlage

Die auf großen Spulen angelieferten Flachsfasern sind für die Flechtmaschine nicht geeignet, daher wird auf kleinere Spulen, die für die Flechtmaschine passend sind, umgespult. Die August Herzog Maschinenfabrik bietet Umspulmaschinen für die Flechttechnik an. Das Institut für Flugzeugbau verfügt über das Modell SP 280-PN.

Es gilt anzumerken, dass die Anlage auf die Anforderungen des Instituts angepasst und deshalb umgebaut wurde. Ziel des Umbaus war eine Reduktion der Umlenkung der Rovinge während des Umspulprozesses und die damit verbundene Reduktion der Faserschädigung.

Abb. 21,22: Umspulanlage und Abzuggatter

Das Gatter für die großen Spulen ist ca. 5 m neben der Umspulanlage aufgebaut. Dabei sorgen spezielle Vorrichtungen für eine optimale Prozessführung. Die Spule wird beim Abziehen gleichmäßig gebremst, dabei wird über einen Bremsklotz eine Andruckkraft erzeugt, die ein konstantes Bremsmoment auf der Hülse hervorruft. Dadurch kann je nach Spulendurchmesser, Gewicht der Spule und gewünschter Spulendichte die Fadenspannung angepasst werden.

4.2.2 Flechtmaschine

Das Institut für Flugzeugbau verfügt über zwei Flechtmaschinen, die beide während der Versuche für die Diplomarbeit verwendet wurden.

4.2.2.1 64-Klöppel-Flechter

Bei dem 64-Klöppel-Flechter handelt es sich um den kleineren der beiden Flechtmaschinen. Dieser Flechter kann mit bis zu 64 Flechtspulen besetzt werden, wobei jeweils 32 Klöppel in gegengesetzte Richtungen auf sinusförmigen Gangbahnen verlaufen. Zusätzlich kann die Maschine mit 32 Spulen, die als Stehfäden verwendet werden, besetzt werden.
Die Maschine eignet sich für kleinere Geflechte bis zu einem Kerndurchmesser von ca. 80 mm. Die Geflechte werden per Hand oder mit dem Roboter in definierter Geschwindigkeit abgezogen. Diese Maschine wurde primär für die Vorversuche verwendet, um im kleineren Maßstab die Materialien und die Verarbeitung der Materialien genauer zu testen bzw. auch zu optimieren.

Abb. 23: Flechtmaschine mit 64 Klöppeln

4.2.2.2 176-Klöppel-Flechter

Auch hier handelt es sich um eine Radialflechtmaschine, die jedoch mit bis zu 176 Spulen besetzt werden kann. Zusätzlich können 88 Spulen als Stehfäden an die Maschine gesetzt werden. Im Gegensatz zu z.B. Flechtmaschinen, auf denen Seile hergestellt werden, steht dieser Flechter vertikal und arbeitet horizontal. Auch hier kann der Roboter zum Abziehen des Geflechts verwendet werden.

Abb. 24: Flechtmaschine mit 64 Klöppeln

4.2.3   KUKA Roboter

Der Roboter ist notwendig um Geflechte in definierter Geschwindigkeit exakt abzuziehen und ist somit eine wichtige Größe in der Herstellung von Faserverbundbauteilen mit optimalen Qualitäten. Bei dem Roboter handelt es sich um einen 6-Achs-Roboter der Firma KUKA.

Abb. 25: 6-Achs-Roboter

4.2.4   Prüfmaschinen

4.2.4.1   Impactor

Der Impactor ist notwendig, um für das CAI-Prüfverfahren Prüfkörper vor der eigentlichen Prüfung gezielt zu schädigen und mit einem Impact zu versehen. Das Gerät wurde vom IFB entwickelt und auch gebaut. Dabei wird ein Gewicht mit einer genormten Spitze auf die Probe fallen gelassen, dabei kommt es durch die entstandene potentielle Energie zu einer gewissen Schädigung der Probe. Auf die genauere Abfolge und Versuchsdurchführung wird in Kapitel „Tests" genauer eingegangen. Von besonderer Wichtigkeit ist die Spitze des Impactors, die die Energie überträgt. Diese muss nach Norm ausgeführt sein. Abbildung 26 zeigt die genaue Geometrie des Schlaghammers, der aus Stahl gefertigt ist.

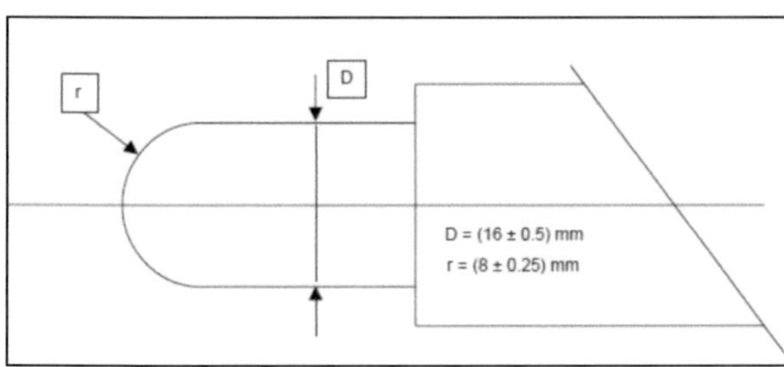

Abb. 26: Spitze des Impactors

Abb. 27,28: Impactor für CAI-Prüfkörper

Die Probe bzw. der Prüfkörper kann über eine Haltevorrichtung (Abb. 28) sicher fixiert werden und anschließend geschädigt werden.

4.2.4.2   Universalprüfmaschine

Für alle Prüfverfahren wird die Universalprüfmaschine von Schenk-Trebel Typ RPM 250 verwendet. Die Prüfmaschine verfügt über insgesamt 3 Kraftmessdosen (250 N, 25 kN, 250 kN), für die Versuche wurde die Kraftmessdose mit 250 kN verwendet. Mit dieser Prüfmaschine sind sämtliche Tests, die im Zuge dieser Diplomarbeit durchgeführt werden, möglich. Die Maschine ist für Zug-, Schub- und Druckversuche ebenso geeignet wie für CAI- und ILS-Versuche, wobei hier noch spezielle Vorrichtungen zwischen die Traversen gebaut werden müssen (siehe Kap. 4.3.6). Auch elektrische DMS können direkt an die Maschine angeschlossen werden, um auch die Dehnung der Probe bei Belastung genau zu messen.

Abb. 29: Universalprüfmaschine von Schenk-Trebel

4.2.5   Sonstige Geräte

Auf die Aufführung sämtlicher anderer, für die Versuche verwendeter Geräte wird verzichtet, da sich diese nicht auf die Qualität der Proben auswirken. Die Versuche sind jedoch so beschrieben, dass der Versuchsablauf auch mit anderen Geräten nachgestellt und nachempfunden werden kann.

4.3   Methoden

Das folgende Kapitel beschäftigt sich mit der Methodik der Bauteil- als auch Prüfkörperherstellung. Dabei soll vor allem genauer auf die Flechttechnik eingegangen werden, die die Grundlage der Bauteilherstellung bildet und für diese Diplomarbeit als Verfahren zur textilen Preformherstellung gewählt wurde.

4.3.1   Flechttechnik

Im Bereich der Faserverbundkunststoffe findet das Flechten als ein Verfahren zur Herstellung textiler Preforms immer häufiger Anwendung. Mittels einer Flechtmaschine wird ein Rundgeflecht erzeugt, welches beispielsweise direkt auf einen Kern mit bestimmter Geometrie abgelegt werden kann. Das Verfahren bringt einige wichtige Vorteile mit sich, besonders sei der hohe Automatisierungsgrad bei der Preformherstellung hervorzuheben. Gerade für die industrielle Verarbeitung oder Anwendung (insbesondere der Automobilindustrie) von FVK spielt eine schnelle und kostengünstige Herstellung von Bauteilen ein große Rolle, um gegen metallische Bauteile konkurrieren und diese auch langfristig substituieren zu können. Diese Vorteile lassen sich mit der Flechttechnik sehr gut realisieren. Auch komplexere Bauteilgeometrien stellen keine Schwierigkeit mehr dar, wobei Faserwinkel von 20° bis 80°, sowie 0° möglich sind. Im Bereich der FVK werden hauptsächlich synthetische Fasern, wie Aramid, Glas oder Carbon verarbeitet. Die Verarbeitung von Naturfasern ist in der industriellen Flechttechnik im Bereich der FVK Neuland.

4.3.1.1   Prinzipien der Flechttechnik

Bei dem Flechten handelt es sich um ein sehr altes Verfahren. Generell sind beim Handflechten 3 Fäden notwendig, um ein Geflecht aufzubauen, die Zahl kann jedoch beliebig erhöht werden. Abbildung 30 zeigt das Prinzip des Flechtens.

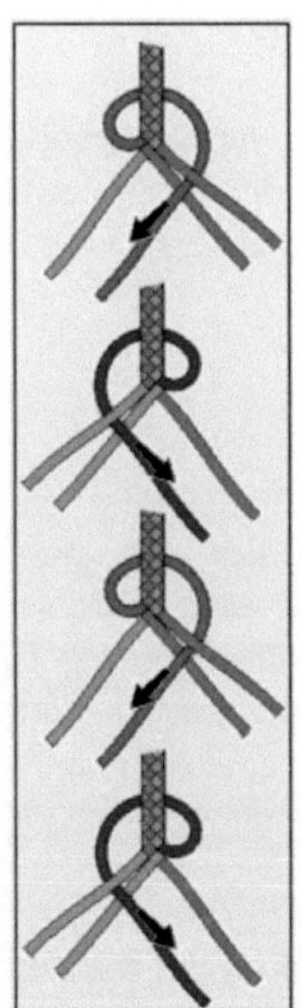

Abb. 30: Das Prinzip des Flechtensb[14]

Eine Weiterentwicklung des Handflechtens zu Handflechtmaschinen bis hin zu heutigen Flechtmaschinen war die logische Konsequenz. Die Flechttechnik wird dabei nicht nur im Bereich der FVK eingesetzt, den weitaus größeren Teil bilden Industriezweige, die sich mit der Herstellung von geflochtenen Seilen oder Schnürsenkeln beschäftigen.

4.3.1.2   moderne Flechttechnik

Die moderne Flechttechnik hat mit dem Handflechten nur noch wenig gemeinsam. Die Flechttechnik ermöglicht es dabei in kurzer Zeit Preforms (Bauteile ohne Matrix) mit äußerst komplexen Geometrien endkonturnah herzustellen [16]. Dabei wird ein Geflecht erstellt, welches gleichzeitig aus mehreren Faserbündeln aufgebaut wird. Geflechte sind definiert als Flächen- oder Körpergebilde mit regelmäßiger Fadendichte und geschlossenem Warenbild, deren Fäden sich in schräger Richtung zu den Warenkanten verkreuzen [15]. Mit diesem Verfahren ist es möglich, unter hoher Reproduzierbarkeit exakte Faserorientierungen herzustellen. Dadurch können Fasern sehr gut in die spätere Belastungsrichtung gelegt werden, und somit Bauteile mit sehr guten mechanischen Eigenschaften hergestellt werden. Weiterhin von Vorteil ist das gute Energieabsorptionsvermögen von geflochtenen Bauteilen. Grundsätzlich ist es möglich sogenannte Litzen (Flachgeflechte) oder Rundgeflechte herzustellen. Bei den Flechtmaschinen befinden sich die Spulen in zwei geschlossenen Gangbahnen, befestigt an Klöppeln, die sich an einander gegenläufigen Sinusbahnen überkreuzen. Daraus resultiert, das die Hälfte der Klöppel linksherum und die andere Hälfte rechtsherum laufen. Bei Bewegung kommt es zu Überkreuzen der Fasern, es entsteht ein Geflecht, dass in Z-Richtung abgezogen wird.

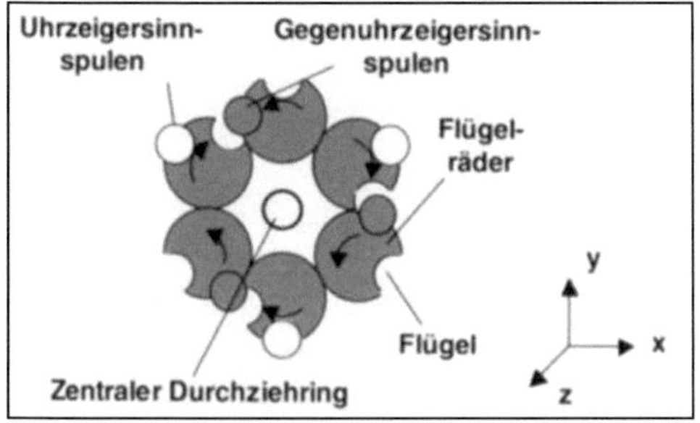

Abb. 31: Spulenanordnung Flechten [15]

Zusätzlich besteht die Möglichkeit sogenannte Stehfäden (drittes Fadensystem) als unidirektionale Verstärkungsfasern mit in das Bauteil einzubinden, man spricht dann nicht mehr von einem biaxialen Geflecht, sondern von einem triaxialen Geflecht.

Bei der Herstellung von Litzen laufen die Klöppel bis zu einem Umkehrpunkt und wieder zurück. In folgenden Abbildungen ist nochmals deutlich der Unterschied zwischen einem Litzengeflecht und einem Rundgeflecht zu sehen.

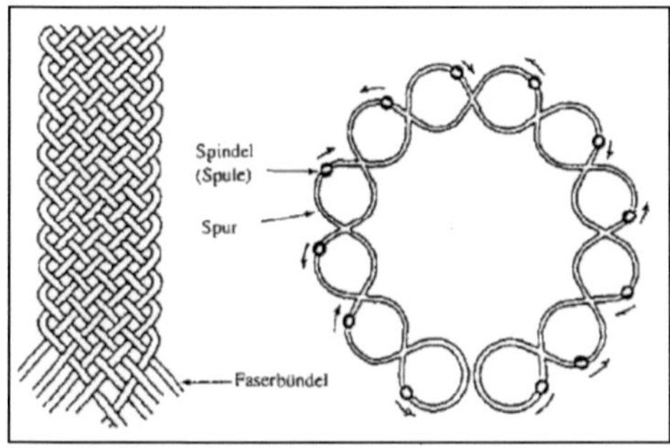

Abb. 32: Litzengeflecht [17]

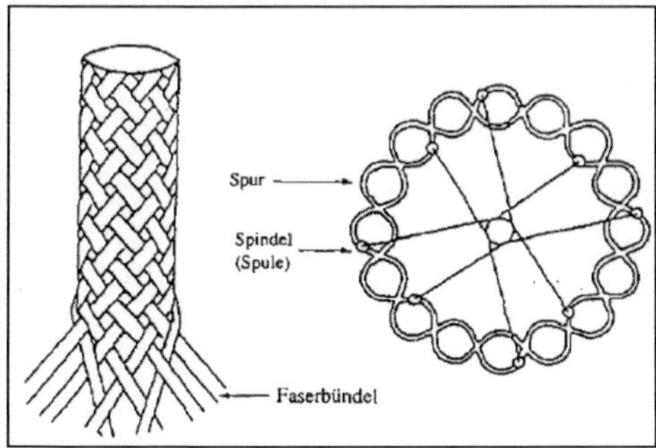

Abb. 33: Rundgeflecht [17]

Über die Abzugsgeschwindigkeit des Geflechts wird der gewünschte Winkel bestimmt bzw. eingestellt, wobei Winkel zwischen 20° und 80° möglich sind.

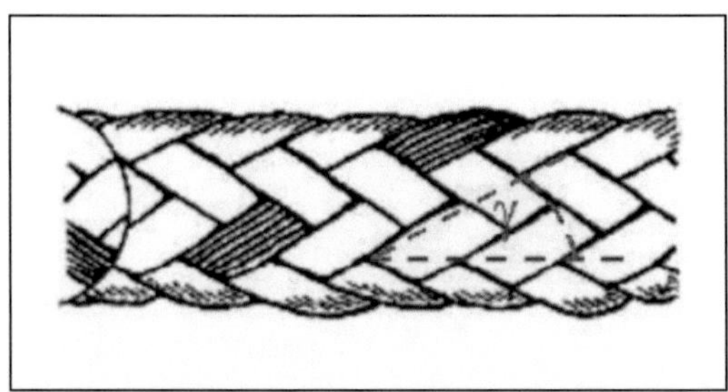

Abb. 34: Rundgeflecht mit eingezeichnetem Flechtwinkel [18]

Ein sehr wichtiger Bestandteil der Flechtmaschine sind die sogenannten Klöppel, die für die Spulenaufnahme verantwortlich sind und die Spulen, die mit den Fasern bestückt sind aufnehmen können. Über diese Klöppel soll ein Abzug der Fasern möglichst schonend gewährleistet werden, ebenso kann eine definierte Fadenspannung eingestellt werden.

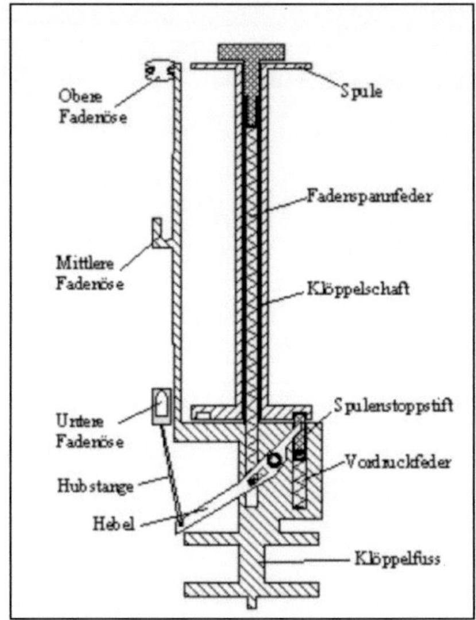

Abb. 35: Klöppel [18]

Gerade für die Verarbeitung von Carbonfaser sind diese Klöppel notwendig. Es muss mit möglichst wenigen Umlenkungen und wenig Reibung gearbeitet werden, da Carbonfasern über eine niedrige Bruchdehnung verfügen und sehr leicht brechen können. Über eine Fadenspannfeder können verschiedene Fadenspannungen eingestellt werden. Grundsätzlich schließt das Geflecht umso mehr, je höher die Fadenspannung ist. Dadurch können sehr gut Kerne umflochten werden und so exakte Bauteilgeometrien verwirklicht werden. Eine zu geringe Spannung führt zu „welligen" Bauteilen, die nicht exakt anliegen. Verluste im Bezug auf die mechanischen Eigenschaften sowie eine schlechte Komprimierung sind die Folge. Allerdings darf die Spannung auch nicht zu stark gewählt werden, um Faserschädigungen zu vermeiden. Die Klöppel können ohne Probleme auch für eine Verarbeitung von Naturfasern verwendet werden.

Die moderne Flechttechnologie wird auch als das Composite Braiding bezeichnet. Dieser Name umfasst jedoch nicht nur die reine Flechttechnologie, sondern auch industrielle Fertigungsansprüche, die mit dem Flechtprozess verbunden sind. Als Beispiel sei hier die Automatisierung, Reproduzierbarkeit, Kombinierbarkeit oder die Hinführung zu einem schnellen Prozess genannt.

Composite Braiding erlaubt die automatisierte Fertigung von komplexen Bauteilgeometrien. Ein hoher Durchsatz, ein stabiler Fertigungsablauf und ein geringer Materialabfall führen zu attraktiven Gesamtprozesskosten. Die Kombinierbarkeit mit anderen textilen Fertigungsverfahren (z.B. Sticken, Nähen), die einfache Umsetzung eines hybriden Faseraufbaus (z.B. Glas / Kohle) sowie die Möglichkeit zur Einbindung von Lastübertragungselementen eröffnen eine Vielzahl von Anwendungen [19].

Das Composite Braiding ist jedoch nur ein Schritt zum fertigen Bauteil, ist das Ergebnis nur ein textiler Preform, der anschließend noch mit Harz infiltriert und endbearbeitet werden muss:

Abb. 36: Composite Braiding [19]

Besonders interessant ist auch die Betrachtung von Zeit und Kosten des Gesamtprozesses. In folgender Grafik wird das automatisierte Flechtverfahren für eine Triebswerkskomponente mit einem konventionellen Prepreg-Verfahren verglichen. So sind 35 % Einsparungen im Bereich der Prozessdauer und der Vollkosten möglich, was das Potential dieser textilen Preformtechnologie zeigt.

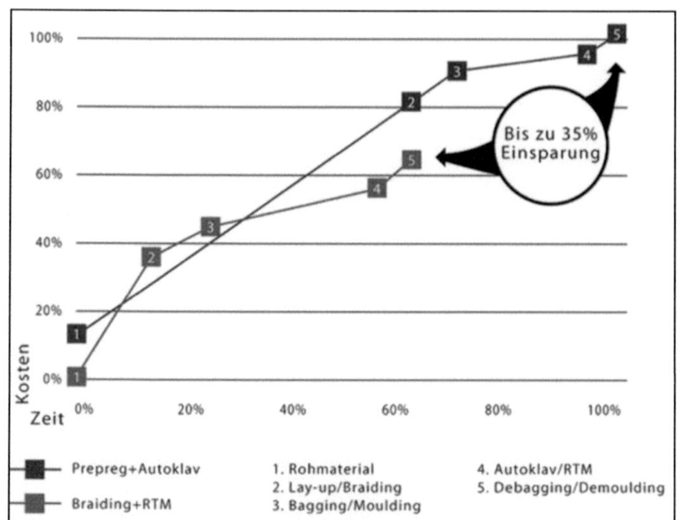

Abb. 37: Kosten- und Zeitersparnis beim Composite Braiding [19]

4.3.2   Bauteilherstellung

Nach der Herstellung eines textilen Preforms kann die eigentliche Bauteilherstellung beginnen. Die Fasern müssen in Verbindung mit einem geeigneten Harzsystem gebracht und benetzt werden. Nach anschließender Aushärtung kann das Bauteil nachbearbeitet und somit fertig gestellt werden.

4.3.2.1   Fertigungsverfahren

Zur Herstellung von FVK gibt es eine Reihe von Verfahren, die manuell, teilautomatisiert oder automatisiert durchführbar sein können.

In der Diplomarbeit werden die Probeplatten und daraus hergestellten Prüfkörper über das VARI-Verfahren hergestellt. Dabei handelt es sich um eine Harzinfiltration, es wird die Preform ähnlich dem Vakuumsackverfahren luftdicht verpackt. Durch Anlegen eines Vakuums kann das Harz durch einen Anguss und das Bauteil zur Absaugung gezogen werden. Das Harz verteilt sich gleichmäßig im Bauteil, es sind hohe Faservolumengehalte (bis zu 60 %) erreichbar.

4.3.2.1.1   VARI

Das VARI-Verfahren ist ein Infiltrationsverfahren zur Infiltration jeglicher Halbzeuge, wobei das Verfahren vom Institut für Bauweisen und Konstruktionsforschung des DLR in Stuttgart entwickelt wurde. Das Vacuum Assisted Resin Infusion-Verfahren arbeitet dabei nur mit Hilfe des atmosphärischen Druckes, die Folge hiervon ist, dass auf geschlossene Injektionsformen oder gar Autoklaven verzichtet werden kann. Somit ist eine Kostenreduktion und auch eine gewisse Flexibilisierung im Fertigungsablauf möglich.

Als Harzinjektionsverfahren werden prinzipiell alle Verfahren bezeichnet, bei denen die Verstärkungsmaterialien im trockenen Zustand in eine Form eingelegt, diese Aufbauten anschließend verschlossen und mit Matrixwerkstoff injiziert werden [20]. Die Tränkung der Faserverstärkung mit Matrix erfolgt durch die vorhandene Druckdifferenz zwischen Harzeingang und einem Auslass. Nach diesem Druckdifferenzprinzip funktionieren auch die Vakuuminfiltrationsverfahren. Hierbei wird durch eine Evakuierung des trockenen Aufbaues, die Matrix in die Form eingesaugt und somit die Tränkung der Faserverstärkung in einem Fließprozess ermöglicht [20].

Im Gegensatz zu herkömmlichen RTM Prozessen wird beim VARI-Verfahren die flüssige Matrix nicht mit Überdruck in das trockene Fasertextil injiziert, sondern es wird durch Evakuierung des Aufbaus die Matrix zum Durchströmen der Verstärkungsfasern in Dickenrichtung gezwungen. Die hierfür notwendige Verteilung des Harzes auf der Oberfläche der Verstärkungsfasern wird mittels einer sogenannten Fließhilfe erreicht.

Um Bauteile mit optimiertem Faservolumengehalt und geringer Porosität herstellen zu können, ist die Steuerung der Druckdifferenz sowie die Kenntnis über den Verlauf der Harzfronten im Bauteil als zentraler Bestandteil des VARI Verfahrens notwendig. Der prinzipielle Versuchsaufbau ist in folgender Abbildung dargestellt.

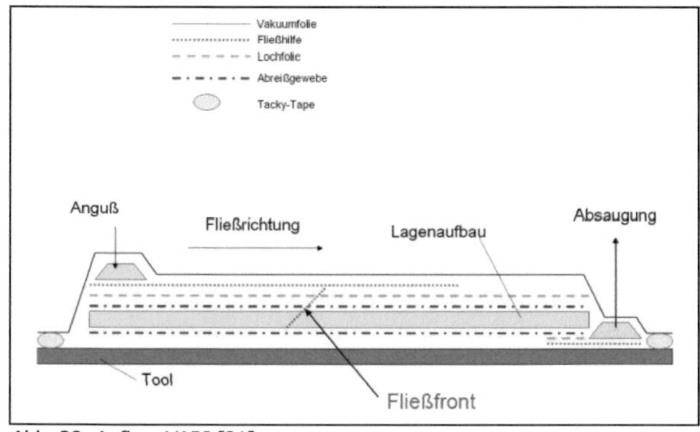

Abb. 38: Aufbau VARI [21]

Im Vergleich zu herkömmlichen Harzinjektionsverfahren kann hier mit einer einseitigen Form gearbeitet werden. Als Gegenform wird lediglich eine flexible Folie (Vakuumsackfolie) benötigt, die mittels eines Dichtbandes vakuumdicht mit der Form versiegelt wird. Aufgrund der hohen Permeabilität der Fließhilfe erfolgt kurz nach dem Prozessstart die Verteilung des Harzes zuerst auf der Bauteiloberfläche. Für die Infiltration des Bauteils ist die Permeabilität des Fasergeleges in Dickenrichtung, welche den Fließwiderstand des Harzes beeinflusst, von entscheidender Bedeutung. Mit dem Beginn der Infusion und somit der flächigen Verteilung des Harzes innerhalb der Fließhilfe, startet auch der Tränkungsprozess des Fasergeleges senkrecht zur Oberfläche direkt unterhalb des Harzeinlasses.

Aufgrund der unterschiedlichen Permeabilitäten der Fließhilfe und der Faserverstärkung, strömt das eindringende Harz an der Oberfläche schneller in der Ebenenrichtung der Fließhilfe, als es von der Faserverstärkung aufgenommen werden kann. Durch einen Bereich ohne Fließhilfe und das anliegende Vakuum, wirkt dieser Bereich wie eine Fließbremse, es kommt zu einer vollständigen Durchtränkung der Fasern bis zu diesem Bereich. Anschließend gelangt das Harz an die Fließhilfe der Absaugung und breitet sich somit durch das restliche Bauteil aus.

Abb. 39: Infiltrationsfortschritt VARI

4.3.2.1.2 Versuchsaufbau

Wesentlicher Bestandteil des VARI-Verfahrens ist eine Vakuumpumpe, die das Harz durch das Bauteil saugt. Harztöpfe sorgen dafür, dass versehentlich kein Harz in die Pumpe gelangt.

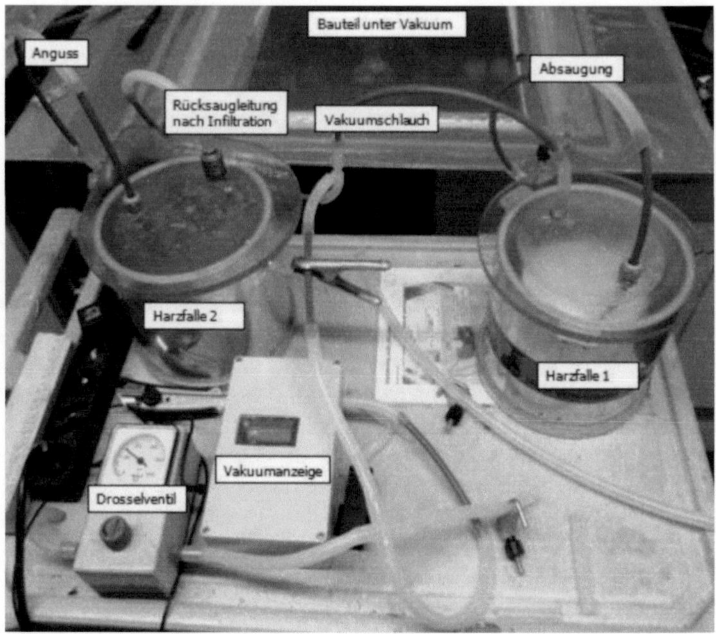

Abb. 40: Anordnung VARI

Bei der Infiltration ist es wichtig mit einem gleichmäßigen Druck zu arbeiten. Grundsätzlich wird nicht bei totalem Vakuum infiltriert, sondern bei ca. 30 mbar. Lufteinschlüsse sollten durch eine optimale luftdichte Anordnung der Apparatur vermieden werden. Ein zu schnelles Infiltrieren ist zu vermeiden, da es sonst zu einem Überstürzen des Harzes kommt, was zu Porosität im Bauteil und somit verminderten Eigenschaften führt. Nach der Infiltration kann ein Rücksaugdruck eingestellt werden, die Vakuumpumpe zieht dann zusätzlich aus dem Anguss. In Verbindung mit einem definiert eingestelltem Druck kann somit ein exakter Faservolumengehalt eingestellt werden. Optimale Eigenschaften werden erzielt, wenn das Harz nach Einstellung des Rücksaugdrucks mit dem Gelieren beginnt.

4.3.3 Laminatuntersuchungen

Ein wichtiger Bestandteil dieser Arbeit sind Untersuchungen der Verbunde, die Auskunft über die Laminatqualität geben sollen. Sie sind somit ein wichtiges Instrument, um FVK genauer zu bewerten bzw. auch um zu betrachten, wie es sich im Inneren des Verbundes verhält.

4.3.3.1   Faservolumengehalt

Der Faservolumengehalt ist das Verhältnis des Volumens der Fasern zum Gesamtvolumen, bestehend aus Volumen der Fasern und des Harzes. Der Faservolumengehalt ist eine wichtige Kenngröße bei FVK und ist für eine Bauteilauslegung notwendig. So kann z.B. ohne die Angabe des Faservolumenanteils die Festigkeit nicht bestimmt werden.

Als Standard hat sich bei der Laminatauslegung ein Wert von 60 % als geeignet herausgestellt, d.h. 60 % des Volumens nehmen die Fasern ein. Ein höherer Faservolumengehalt wäre zwar durchaus denkbar, ist allerdings nicht geeignet, denn ab diesem Volumen der Fasern kann das Harz nicht mehr alle Fasern benetzten bzw. vollständig umschließen, wodurch die mechanischen Eigenschaften des Verbundes stark leiden, da die Spannungen von Faser zu Faser durch die Matrix nicht mehr optimal übertragen werden können.

4.3.3.1.1   Dichtebestimmung (Gaspyknometer)

Für eine Bestimmung des Faservolumengehalts ist es notwendig die Dichte von Faser und Harz zu kennen. Die Dichte des Harzes kann dabei den Datenblättern entnommen werden. Bei den Flachsfasern soll die vom Hersteller angegebene Dichte durch einen geeigneten Test überprüft werden, damit exakte Berechnungen möglich sind.

Eine Dichtebestimmung von Naturfasern ist generell relativ schwierig, da konventionelle Methoden unzureichende oder verfälschte Ergebnisse liefern.

Eine genaue Messung ist jedoch über eine Helium Dichtemessung möglich, wobei Gaspyknometer verwendet werden. Dieses Gerät ersetzt dabei die klassische Methode der Flüssigkeitsverdrängung durch die Verwendung eines Prüfgases. Mit Helium werden auch die kleinsten Poren (Porenweite 10^{-10} m) gefüllt. Somit kann die Dichte von Naturfasern genau bestimmt werden. Das Messgerät bestimmt dabei das Volumen einer Probe aus der Druckänderung des Prüfgases beim Expandieren vom Proben- in den Expansionsraum. Außerdem misst es dabei auch die Temperatur am Ende des Messvorganges. Die beiden Kammervolumina werden durch eine Kalibrierung ermittelt. Durch Eingabe der vorher durch Wägung ermittelten Masse berechnet das Gerät die Feststoffdichte.

4.3.3.1.2   FVG über das Gewicht

Die Berechnung des Faservolumengehalts ist über das Gewicht möglich, jedoch zählt diese Methode nicht zu den genausten und kann mit einer geringen Abweichung bzw. einem geringen Fehler behaftet sein. Dabei ist die Berechnung über eine einfache Formel möglich.

$$\varphi = \frac{V_{Faser}}{V_{Verbund}} = \frac{V_{Faser}}{V_{Faser} + V_{Harz}}$$

An dieser Stelle sollte auch über alternative Verfahren zur Bestimmung des Faservolumengehalts nachgedacht werden, da die Bestimmung über die Dichte relativ ungenau ist. Dabei kann die Veraschung, die bei Laminaten mit Glasfasern verwendet wird, nicht angewendet werden, da bei diesen hohen Temperaturen neben der Matrix auch die Fasern verbrennen würden. Beim CFK hingegen arbeitet man mit Säuren, um die Matrix zu lösen, und somit exakt den FVG zu bestimmen. Jedoch muss auch hier davon ausgegangen werden, dass sich neben der Matrix auch die Flachsfasern auflösen. Bei Flachsfasern könnte es ein Weg sein, nicht die Matrix sondern die Fasern aufzulösen. Somit wäre eine exakte Bestimmung des Faservolumengehalts möglich. Da Flachsfasern zu 100 % aus Cellulose bestehen, lassen sich diese z.B. durch folgende Säuren lösen:

- Dimethylacetamid / Lithiumchlorid
- Dimethylsulfoxid / Tetrabutylammoniumflorid
- Ammoniak / Cu^{2+} (Schweizers Reagenz)

Auch der Chemiekonzern BASF hat ein Verfahren entwickelt, bei dem Cellulose in einer ionischen Flüssigkeit rein physikalisch gelöst werden kann.

Voraussetzung ist aber, dass die Cellulose auch im Verbund zu 100 % gelöst werden kann und auch die Matrix durch die Säuren nicht angegriffen wird bzw. die Komponenten klar getrennt werden können. Wie gut diese Methoden bzw. diese Säuren aber für eine exakte Bestimmung des Faservolumengehalts geeignet sind, kann nur abgeschätzt werden und ist noch nicht näher bekannt bzw. untersucht. Dennoch stellt die Möglichkeit, die Cellulose mit Säuren zu lösen einen interessanten Ansatz dar, da auf konventionelle Methoden zur Bestimmung des FVG nicht zurückgegriffen werden kann.

4.3.3.2 Porosität

Eine weitere wichtige Größe für die Bestimmung einer Laminatqualität ist die Porosität.

Die Porosität ist eine physikalische Größe und stellt das Verhältnis von Hohlraumvolumen zu Gesamtvolumen eines Stoffes oder Stoffgemisches dar. Sie dient als klassifizierendes Maß für die tatsächlich vorliegenden Hohlräume.

Der normale Weg zur Bestimmung von Porosität ist eine Ultraschallprüfung. In dieser Arbeit wird die Porosität jedoch über Schnittbilder ermittelt, die unter dem Mikroskop betrachtet werden. Besonders wichtig ist ein Vergleich zwischen Flachsproben mit MGS L135 und PTP-L um eine Aussage machen zu können, welches Harz die besseren Ergebnisse liefert bzw. besser für Flachfasern geeignet ist.

4.3.3.3 Faser-Matrix-Haftung

4.3.3.3.1 Einführung

In Faserverbundwerkstoffen behalten die Fasern, sowie das Matrixsystem die chemische und physikalische Identität und erzeugen dabei ein Material, welches in seinen Eigenschaften denen der Einzelkomponenten überlegen ist. Dies wird erst möglich durch die Adhäsion der beiden Komponenten, welche die gegenseitige Kraftübertragung ermöglicht.

Die Grenzfläche zwischen Faser und Matrix ist im Idealfall ein zweidimensionaler Übergang mit adhäsivem Charakter. Dieses Konzept der Grenzfläche ist allerdings abgelöst worden von der Vorstellung einer Grenzschicht. Diese Grenzschicht beinhaltet sowohl die Fläche des

Faser-Matrix-Kontaktes als auch die zur Matrix anschließende Schicht, in der die chemischen, physikalischen und morphologischen Eigenschaften der Matrix von denen des Gesamtmaterials unterschiedlich sind [22].

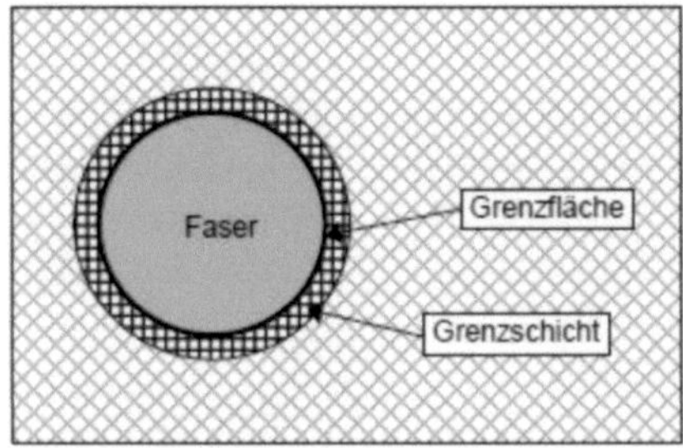

Abb. 41: Grenzschichttheorie [22]

Die Qualität der Adhäsion zwischen Faser und Matrix hängt von einigen Kriterien ab:

- Große Affinität der Matrix zur Faser
- Geringe Schwindung der Matrix beim Aushärten
- Überschreiten des Gelpunktes der Matrix bei möglichst geringen Temperaturen beim Härten, um den Einfluss der unterschiedlichen Wärmedehnungen gering zu halten.

Außer der Affinität, die von den chemischen und physikalischen Eigenschaften von Faser und Matrix abhängig ist, lassen sich die anderen Komponenten durch ein auf die Fasern abgestimmtes Harzsystem beeinflussen. Eine Beurteilung der Qualität der Faser-Matrix-Bindung kann durch eine optische Begutachtung von Bruch- oder Schnittflächen mittels der Rasterelektronenmikroskopie untersucht werden.

4.3.3.3.2 Rasterelektronenmikroskop

Das Rasterelektronenmikroskop arbeitet mit einem Elektronenstahl, der durch ein elektrisches Feld mit einer bestimmten Spannung zwischen Kathode und Anode beschleunigt wird. Dabei wird die zu untersuchende Probe zwischen den Elektrodenstrahl gebracht. Dabei werden aus der Probe Sekundärelektronen und Rückstreuelektronen aus der Probe herausgeschlagen (in seltenen Fällen auch Röntgenstrahlung), diese Elektronen werden detektiert und liefern somit ein punktuelle Abbildung der Probe. Des Weiteren ist auch ein Magnetfeld notwendig, welches den Strahl über die Probe führt. Um eine Streuung der Elektronen durch Luftmoleküle zu vermeiden, muss die Probenkammer evakuiert werden. Außerdem muss die Oberfläche der Probe leitfähig sein. Dazu wird diese vorab mit Gold beschichtet (gesputtert).

Durchführung:

- Probe trocknen und beschichten in Sputter-Apparatur
- Probe in REM einbringen und evakuieren
- Elektronenstrahl fokussieren

Die in elektronischer Form wiedergegebenen Bilder können gespeichert und entsprechend ausgewertet werden.

4.3.4   Prüfkörperherstellung

Die Prüfkörperherstellung verläuft analog der Herstellung eines normalen Bauteiles. Der Weg hin zu den Prüfkörpern für die Prüfverfahren wird in den nächsten Kapiteln beschrieben. Es gilt grundsätzlich sehr genau zu arbeiten, um die Ergebnisse nicht zu verfälschen.

4.3.4.1   Umspulen

Für das Umspulen der Flachsfasern wird am IFB die Herzog SP 80-PN verwendet, jedoch entspricht die Maschine, wie bereits beschrieben nicht mehr dem Originalzustand. Eine wichtige Aufgabe des Umspulprozesses ist es, die Fasern in geeigneter Menge für die Flechtmaschine vorzubereiten. Dabei darf die Schädigung von Filamenten oder gar Rovings nur so gering wie möglich sein. Auch die Aufwicklung auf die Flechtspulen muss geeignet sein, hier sei angemerkt, dass im Bereich der FVK grundsätzlich parallel gewickelte Spulen hergestellt werden.

Die wichtigsten Einstellungen umfassen die Fadenverlegung, Geschwindigkeit, Wickelbreite und Fadenspannung, die allesamt individuell auf das zu verarbeitende Material angepasst werden müssen. Bei der Fadenverlegung wird mit der Uhing-Verlegung gearbeitet. Dabei ist trotz wechselnder Geschwindigkeiten bei der Aufwicklung (durch Zunahme des Spulendurchmessers) eine konstante Hubbewegung möglich. Diese Tatsache funktioniert nach dem Uhing-Rollring-Prinzip: Rollringe, die an einer glatten Welle angedrückt sind, wandeln die glatte Drehbewegung in eine Linearbewegung um [32]. Über eine Skala kann somit der Vorschub pro Wellenumdrehung eingestellt werden, sodass sich konstante Spulen herstellen lassen.

Die vom Hersteller gelieferten Rollen lassen sich auf dem Gatter aufspannen und abziehen. Diese Vorrichtung verfügt über eine Art Trommelbremse, wodurch eine definierte Fadenspannung über die Bremskraft eingestellt werden kann.

4.3.4.2   Herstellung Prüfkörpergeflecht

Bei der Herstellung eines Prüfkörpergeflechts wird die Flechtmaschine nicht vollständig mit den Faserspulen besetzt, auf den Einsatz von Stehfäden wird verzichtet. Die Herstellung der Geflechte für die Prüfkörper wird auf der großen Flechtanlage durchgeführt, da aufgrund der Größe bzw. des Durchmessers der kleine Flechter an sein Limit kommt.

Da für die Herstellung der Prüfkörper flache Geflechtlagen benötigt werden, über den Radialflechter aber Rundgeflechte entstehen, muss über einen geeigneten Kern ein Rundgeflecht erstellt werden und dieses anschließend längs aufgeschnitten werden. Es gibt Kerne mit verschiedenen Durchmessern, in die Rillen gefräst sind, um das Geflecht besser aufzuschneiden. Für Flachsgeflechte empfiehlt sich ein Kerndurchmesser von 10 cm.

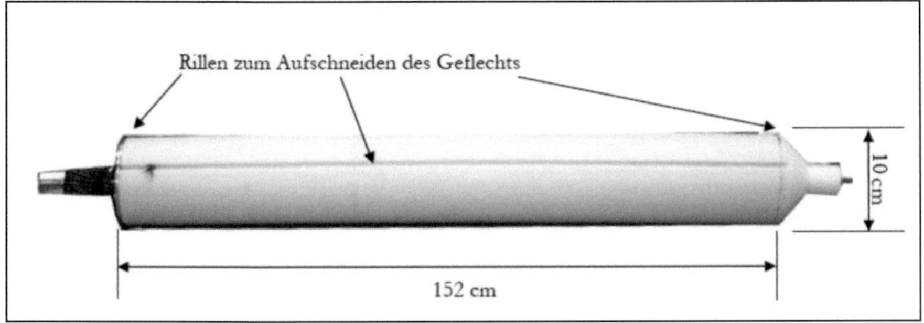

Abb. 42: Flechtkern mit integrierter Nut

Für den Kern und die Rovings muss ein eigenes Programm für den Roboter geschrieben werden, damit die Fasern im richtigen Winkel (45°) auf den Kern abgelegt werden. Der Kern wird manuell durch das Geflecht und den Flechtring gezogen und im Kopf des Roboters fixiert. Das Programm muss so beschaffen sein, das auf Knopfdruck der Flechtvorgang beginnt und gleichzeitig der Roboter mit definierter Geschwindigkeit das Geflecht abzieht.

Nach Abschluss des Flechtvorgangs kann der Kern dem Roboter entnommen und das Geflecht über die Nut aufgeschnitten werden. Dabei ist zu beachten, die Schnittstelle mit einem Klebeband zu versehen, damit sich das Geflecht nach dem Schneiden nicht mehr auftrennt.

4.3.4.3 Prüfkörperherstellung

Nach der Geflechtherstellung werden die Preforms mittels des VARI-Verfahrens mit Harz infiltriert und müssen vollständig aushärten bevor die eigentliche Prüfkörperherstellung beginnen kann. Je nach Harzsystem ist zudem ein Tempern erforderlich.

Anschließend werden die verschiedenen Prüfkörper gemäß eines Schnittplans aus dem Laminat geschnitten. Dabei ist eine wassergekühlte diamantbeschichtete Kreissäge notwendig. Es gilt zu beachten, dass die in den Normen angegebenen Toleranzen nicht verletzt werden. Bei einigen Prüfkörpern ist es auch notwendig, sogenannte Aufleimer auf die Prüfkörper zu kleben.

Da die Proben beim Testen zwischen zwei Klemmbacken eingeklemmt werden, werden auf die linke und die rechte Probenseite Aufleimer aufgeklebt. Aufleimer sind Glas/Epoxydharz-Verbunde, die für eine bessere Krafteinleitung und für einen optimalen Schutz der Probe an den Klemmbacken sorgen. Die Aufleimer werden mit einem speziellen Harzsystem (z.B. A10 B10) aufgeklebt und müssen unter Druck etwa 10 Stunden aushärten.

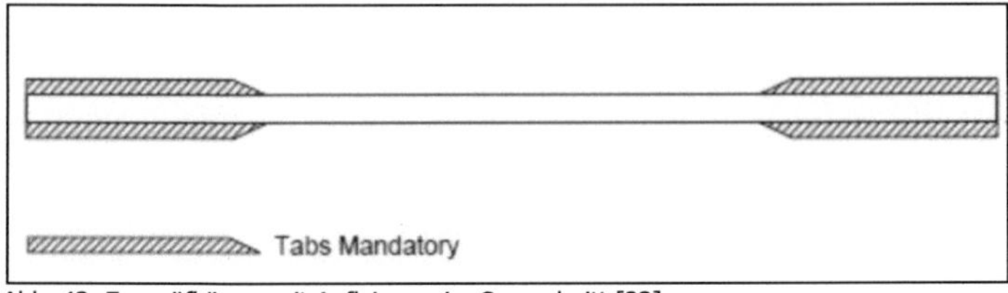

Abb. 43: Zugprüfkörper mit Aufleimern im Querschnitt [23]

Hinterher müssen bei einigen Prüfkörpern DMS aufgeklebt werden. Der DMS misst während der Prüfung die Längs- oder Querdehnung, wobei dieser mit Kabeln an einen Aufnehmer verlötet wird, der das Signal der Dehnungsmessstreifen an den Computer weitergibt und aufzeichnet. Weitere Informationen sind in den entsprechenden Normen zu finden.

4.3.5   Tests

Die Prüfkörper müssen abschließend getestet werden, um die mechanischen Kennwerte zu ermitteln.

Die Diplomarbeit greift bei der Kennwertermittlung auf folgende Testverfahren zurück:

- ILS (Interlaminare Scherfestigkeit)
- CAI (Compression after Impact)
- Zug
- Druck
- IPSS

Die Prüfverfahren werden im Anschluss genauer beschrieben, sodass ein ausreichendes Verständnis über die Tests gegeben ist. Genauere Informationen sind in den entsprechenden Normen zu finden und zu entnehmen.

4.3.5.1   Zugprüfung

Die Bestimmung der Zugfestigkeit und auch des damit verbundenen E-Moduls der Materialien wird anhand der Airbusnorm AITM-0007 durchgeführt. Dabei wird die Zugfestigkeit einer ebenen Platte ermittelt, um Rückschlüsse auf die mechanischen Eigenschaften geben zu können.
Grundsätzlich soll kein schlagartiger Bruch erfolgen, deshalb wird die Probe langsam belastet, damit erreicht wird, dass bei ca. 50 % der Bruchlast einzelne Filamente reißen und mit Zunahme der Bruchlast ganze Filamentbündel. Auf Grund der Energiefreisetzung beim Faserbruch wird die Probe anschließend zerstört. Da bei Zugproben der gesamte Querschnitt unter gleich hoher Spannung steht ist davon auszugehen, dass es zum Bruch der Probe kommt. Die Fasern sind 0° und 90 ° zur Prüfrichtung ausgerichtet, müssen dementsprechend schräg aus dem Geflecht herausgeschnitten werden.

Für die spätere Auswertung wird nicht nur die Kraft bis zum Bruch der Probe gemessen, für die Bestimmung des E-Modul muss auch die Längsdehnung der Probe gemessen werden. Ein elektrischer Widerstands-Dehnungs-Messstreifen (DMS) wird in die Mitte der Probe angeklebt.
Mit einer Traversengeschwindigkeit von 2 mm/min wird die Probe bis zum Versagen gezogen.
Die Größe der Prüfkörper ist in folgender Abbildung dargestellt. Durch die geforderte Messlänge von 180 mm und die Länge der Aufleimer, die mit 2 x 50 mm gewählt wird, ergibt sich eine Gesamtlänge von 280 mm.

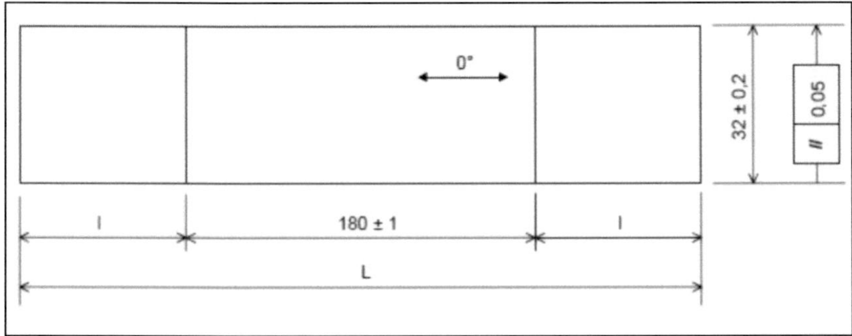

Abb. 44: Geometrie der Prüfkörper bei der Zugprüfung nach AITM-0007 [23]

Aus den Ergebnissen der Zugversuche lassen sich die nominelle ebene Zugfestigkeit und der nominelle Zugmodul berechnen. Dabei ist das Diagramm aus Abbildung 45 notwendig, um bei den ermittelten Kräften die entsprechenden Dehnungen abzulesen. Die Steigung an dieser Stelle ist zu bestimmen und damit der E-Modul zu berechnen. Bei faserverstärkten Kunststoffen wird die Steigung grundsätzlich im linear-elastischen Bereich abgelesen, damit eine bessere Vergleichbarkeit zu anderen Werkstoffen gegeben ist.

Zugfestigkeit: $\quad \sigma_{tu} = \dfrac{P_u}{t_n \cdot w} \qquad$ (MPa)

Zugmodul: $\quad E_t = \dfrac{\Delta P}{w \cdot t_n \cdot \Delta \varepsilon_x} \qquad$ (MPa)

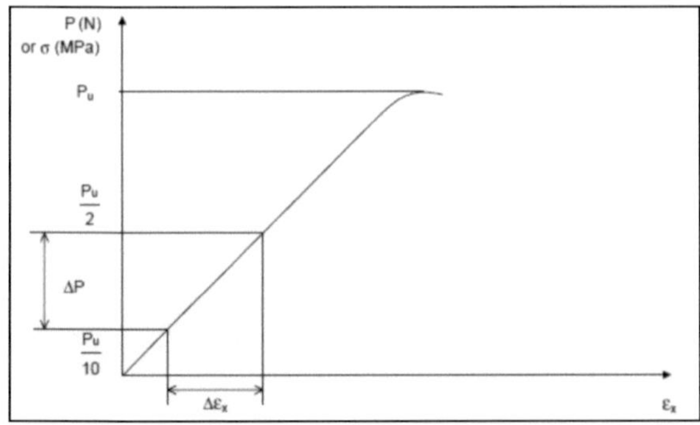

Abb. 45: Diagramm für die Berechnung des Zugmoduls [23]

4.3.5.2 IPSS (In-Plane Shear Stress)

Mit dieser Prüfung soll die Aufnahme des Schubs geprüft werden. Die Durchführung der Prüfung findet nach DIN EN ISO 14129:1997 statt.
Es kann die Schubfestigkeit als auch der Schubmodul (Sekantenmodul) ermittelt werden.
Es werden Proben verwendet, in der die Fasern +/- 45 ° ausgerichtet sind. Durch das Ziehen der Probe entstehen Zughauptspannungen. Diese verursachen Spannungsrisse in der Matrix

in einem Winkel 45° zur Schubrichtung. Die Fasern in der Matrix stoppen die Weiterbildung der Risse. Zum Bruch kann es erst kommen, wenn sich mehrere kleine Risse zu einem großen Riss bilden. Bei jeder Rissbildung tritt die Faser in Kraft und trägt dazu bei, dass sich die Risse in langsamer Geschwindigkeit weiterbilden. Durch innere Reibung wird ein Teil des Schubs trotzdem übertragen.

Die Prüfung der IPSS-Zugkörper ist der der Zugprüfung sehr ähnlich. Abweichend ist die Geometrie der Prüfkörper. Die Norm schreibt die Verwendung von Prüfkörpern mit folgenden Maßen vor:

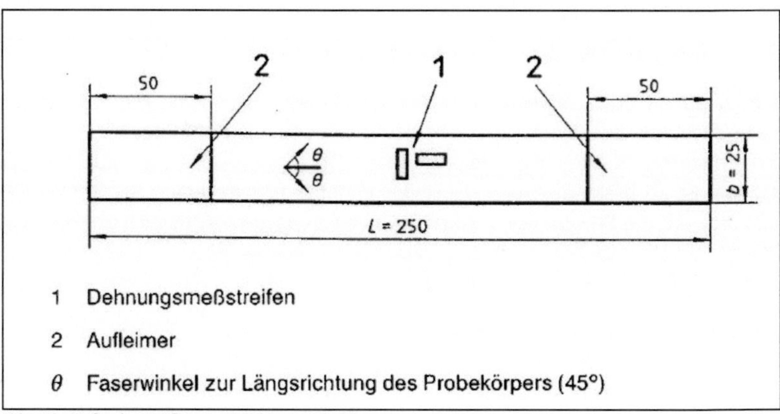

Abb. 46: Maße der Prüfkörper IPSS in mm [24]

Es werden auch auf die IPSS-Prüfkörper DMS aufgeklebt. Zu Ermittlung des Schubmoduls (G-Modul) wird jedoch eine Variante verwendet, der die Längs- und Querdehnung zur Prüfungsrichtung misst.

Die Traversengeschwindigkeit beträgt 2 mm/min bis zum Bruch. Zur Berechnung der mechanischen Eigenschaften werden folgende Formeln verwendet:

Schubfestigkeit in MPa:

$$\tau_{12M} = \frac{F_m}{2bh}$$

Schubmodul in GPa:

$$G_{12} = \frac{\tau_{12}'' - \tau_{12}'}{\gamma_{12}'' - \gamma_{12}'}$$

4.3.5.3   Druck

Mit dieser Prüfung wird das Versagen der Probe bei Druckbelastung geprüft. Geprüft wird nach der Norm AITM-0008, die zur Ermittlung der Druckfestigkeit einer ebenen Platte verwendet wird, um auf die mechanischen Eigenschaften schließen zu können.
Dabei ist zu beachten, dass bei dieser Art von Belastung nicht nur Werkstoffversagen sondern auch Stabilitätsversagen auftritt. Damit ist ein Knicken oder Beulen der Probe

gemeint, dass besonders bei großen Probenlängen vorkommen kann. Es kann zu einer Kombination aus Druck-, und Biegeversagen kommen. Diese Ergebnisse können jedoch nicht verwendet werden, um eine Aussage über die Druckfestigkeit zu treffen.

Mit einer speziellen Vorrichtung, die auf der speziell für Druckprüfungen entwickelten IITRI-Vorrichtung (Illinois Institute of Technology Research Institute) basiert, werden die Prüfungen durchgeführt.

Abb. 47: Prüfanordnung für Druckproben in der Prüfmaschine

Wie bei den Zug- und IPSS-Proben werden auch hier Aufleimer auf die Probenenden geklebt. Es ist besonders auf die Parallelität der Aufleimer zueinander zu achten.

Die Fasern sind in 0°- und 90°-Orientierung zur Prüfrichtung orientiert.

Zusätzlich zur Kraft beim Versagen der Probe werden hier die Stauchung und die Biegung der Probe gemessen. Es wird auf die Probe jeweils ein Dehnungsmessstreifen in der Mitte der Probe in Längsrichtung aufgeklebt, um eine eventuelle Biegung der Probe zu erkennen.

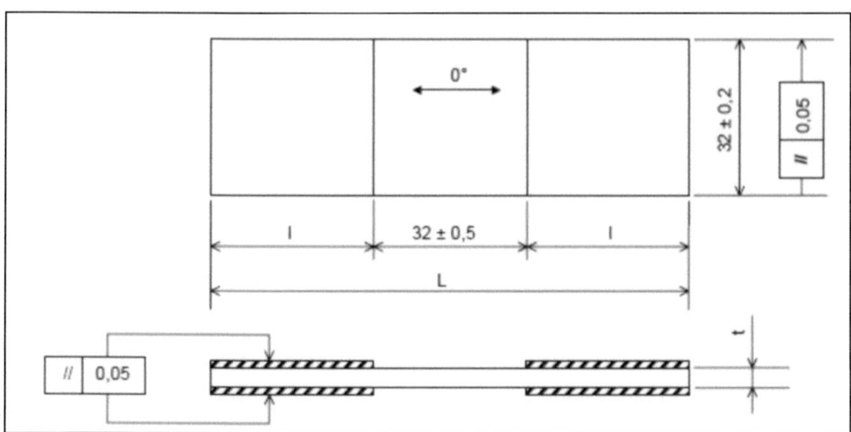

Abb. 48: Maße der Prüfkörper für die Druckprüfung [25]

Die Probe wird nun in die Prüfvorrichtung eingesetzt. Dabei ist darauf zu achten, dass dieser Prüfkörper möglichst zentriert in der Vorrichtung sitzt. Anschließend werden die Dehnungsmessstreifen mit Kabeln für den Anschluss an den Computer verlötet.

Die Prüfvorrichtung wird zusammengebaut und in die Schenk-Trebel Prüfmaschine möglichst zentriert zwischen die beiden Traversen gestellt. Dabei ist darauf zu achten, dass auch der Abstand der Oberfläche der Traversen und der Oberfläche der Prüfvorrichtung möglichst genau ist, da sonst die Elemente der Vorrichtung bei Belastung verkanten können.

Mit einer Traversengeschwindigkeit von 1 mm/min kann nun die Prüfung durchgeführt werden.

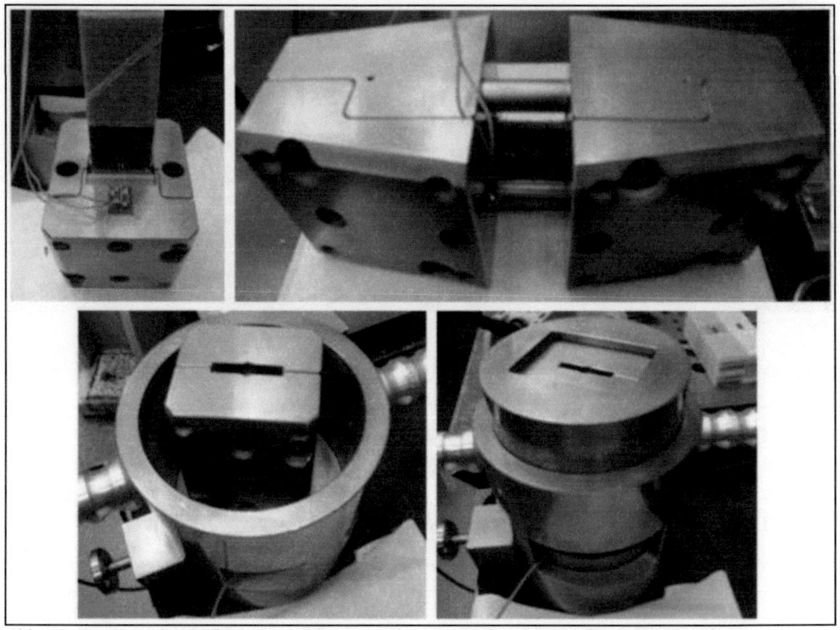

Abb. 49: Einsetzen des Prüfkörpers und Zusammenbau der Prüfvorrichtung für die Druckprüfung

Für die Auswertung werden die Druckfestigkeit und der E-Modul wie folgt berechnet:

Nominelle ebene Druckfestigkeit:
$$\sigma_{cu} = \frac{P_u}{t_n \cdot w} \qquad (\text{MPa})$$

Nomineller Druckmodul:
$$E_c = \frac{\Delta P}{w \cdot t_n \cdot \Delta \varepsilon_x} \qquad (\text{MPa})$$

Analog zur Zugprüfung ist bei der Ermittlung des Druckmoduls folgende Grafik zu beachten und analog zur Zugprüfung anzuwenden. Auch hier muss für die Ermittlung des Druckmoduls die Steigung in linear-elastischen Bereich gemessen werden.

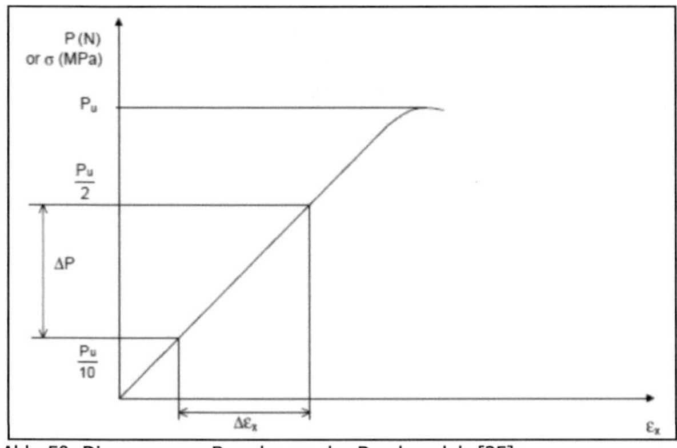
Abb. 50: Diagramm zur Berechnung des Druckmoduls [25]

4.3.5.4   ILS (Interlaminare Scherfestigkeit)

Die Bestimmung der interlaminaren Scherfestigkeit wird nach DIN EN ISO 14130 durchgeführt.

Das Prinzip der Prüfung lässt sich wie folgt zusammenfassen: Der Probekörper mit rechteckigem Querschnitt wird als unterstützter Balken so auf Biegung beansprucht, dass ein Versagen durch interlaminare Scherung auftritt. Dabei liegt der Prüfkörper auf zwei Auflagern, in der Mitte wird eine Kraft unter Verwendung einer Druckfinne eingeleitet.

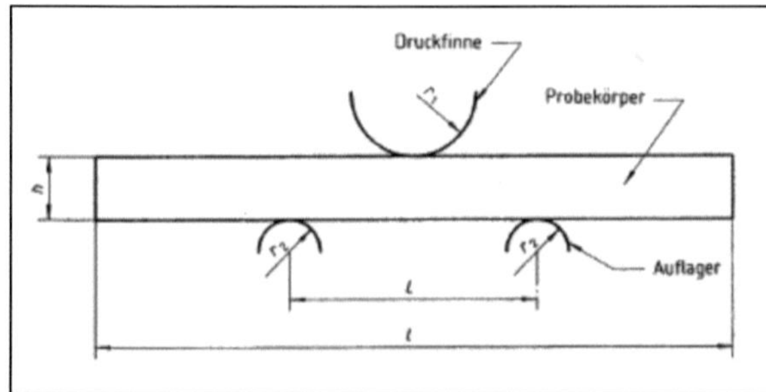

Abb. 51: Belastungsverfahren [26]

Die Delamination ist eine der häufigsten Versagensarten, vor allem bei der Verarbeitung von Gelegen im Laminat. Dabei trennen sich bei Belastung die einzelnen Lagen voneinander. Für die Prüfung wird zwischen die Traversen eine zusätzliche Prüfeinrichtung gestellt. Eine rechteckige Probe wird auf zwei Auflagepunkte aufgelegt. In der Mitte zwischen den Auflagepunkten wird die Probe mit einem Druckstift belastet.

Es soll zum einen der Widerstand des Laminats gegenüber Scherbeanspruchung ermittelt werden, zum anderen wird auf diese Weise auch die Faser/Matrix Haftung untersucht.

Abb. 52: Versuchsvorrichtung für ILS-Prüfkörper

Normalerweise wird für das Testen der ILS der Normprüfkörper verwendet, der über eine Gesamtlänge von 20 mm und einer Breite von 10 mm verfügt. Da jedoch Probeplatten verwendet werden, die eine vom Normprüfkörper abweichende Dicke haben, muss die Form der Prüfkörper anders gestaltet werden, Länge und Dicke müssen aber im gleichen Verhältnis zueinander stehen. Die Dicke der Probeplatte und Prüfkörper beträgt 4 mm.

	Formel	**Maße [mm]**
Breite	10*h	40 ± 1
Länge	5*h	20 ± 0,2

Tab. 8: Maße der Prüfkörper

Die Prüfmaschine muss ISO 5893 entsprechen und den gegebenen Anforderungen genügen.

Parameter		
Druckfinne r_1 [mm]		5 ± 0,2
Auflager r_2 [mm]		2 ± 0,2
Stützweite L [mm]	5 * h	20 ± 0,3
Prüfgeschwindigkeit [mm/min]		1 ± 0,2

Tab. 9: Parameter der Prüfvorrichtung

Die Traversengeschwindigkeit beträgt 1 mm/min.
Mit der Prüfmaschine ist die Kraft zu ermitteln, womit anschließend die scheinbare interlaminare Scherfestigkeit berechnet werden kann. Ein Anbringen von DMS ist nicht notwendig.

Interlaminare Scherfestigkeit in MPa: $\tau = \dfrac{3}{4} * \dfrac{F}{b * h}$

Bei der Prüfung ist es wichtig, die Versagensart der Prüfkörper aufzuzeichnen. Dabei sind nur interlaminare schubbedingte Versagensarten zu akzeptieren:

- Schubversagen in einer Ebene
- Schubversagen in mehreren Ebenen

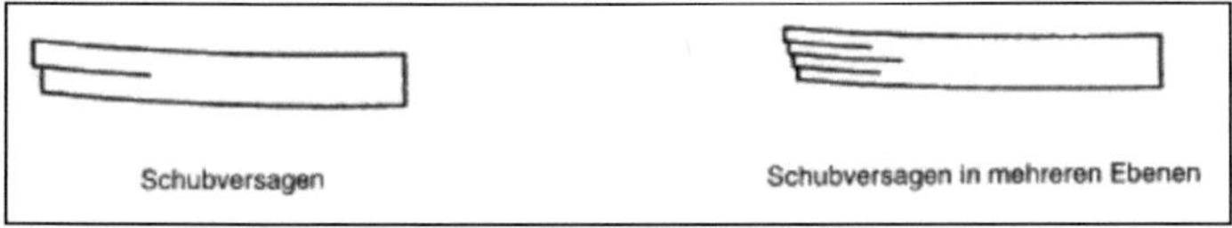

Abb. 53: akzeptable Versagensarten bei der ILS-Prüfung [26]

Nicht akzeptierbare Versagensarten sind:

- Mischversagen
- Nicht schubbedingtes Versagen
- Scherung

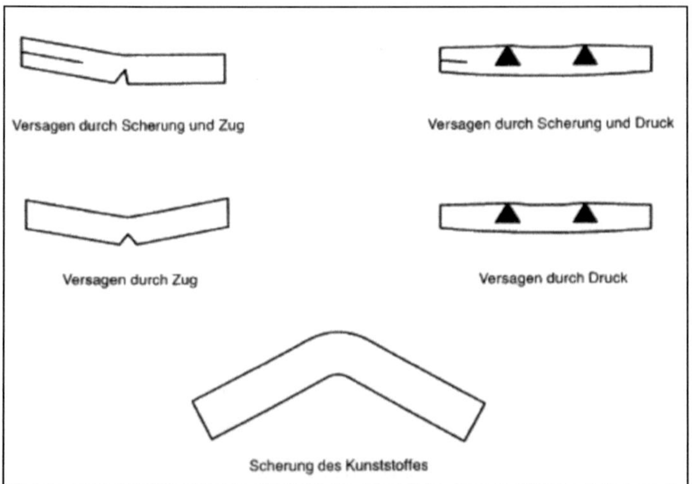

Abb. 54: nicht akzeptable Versagensarten bei der ILS-Prüfung [26]

4.3.5.5 CAI (Compression after Impact)

Grundlage dieser Testversuche bildet die Norm AITM-0010, die in leicht abgewandter und vereinfachter Form durchgeführt wird. Ziel ist die Bestimmung der Druckfestigkeit nach Aufbringen einer Aufprallenergie. Auch wird die Druckfestigkeit von geschädigten Proben in das Verhältnis zu unbeschädigten Proben gesetzt und dadurch die Restfestigkeit bestimmt.

Zuerst muss ein Teil der Proben geschädigt und mit einem Impact, also einer gezielten Schädigung versehen werden. Hierzu werden die Proben in eine spezielle Vorrichtung eingespannt, ein Schlagkörper wird anschließend von bestimmter und vorab berechneter Höhe auf die Probe fallengelassen. Der Schlagkörper muss nach dem ersten Aufprall abgefangen werden. Die genaue Höhe kann über die folgende Formel berechnet werden, wobei die Formel nach der Höhe aufgelöst und über das bekannte Gewicht und die gewünschte Energie die erforderliche Höhe berechnet wird:

$$E = m*g*h$$

Die Prüfkörpergröße ist folgendermaßen definiert:

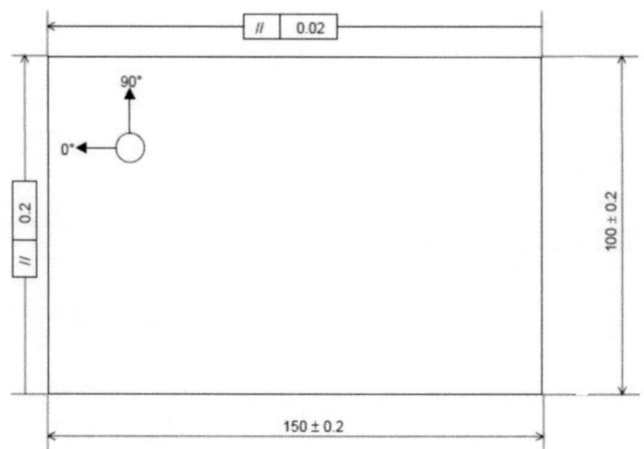

Abb. 55: Abmaße Prüfkörper CAI

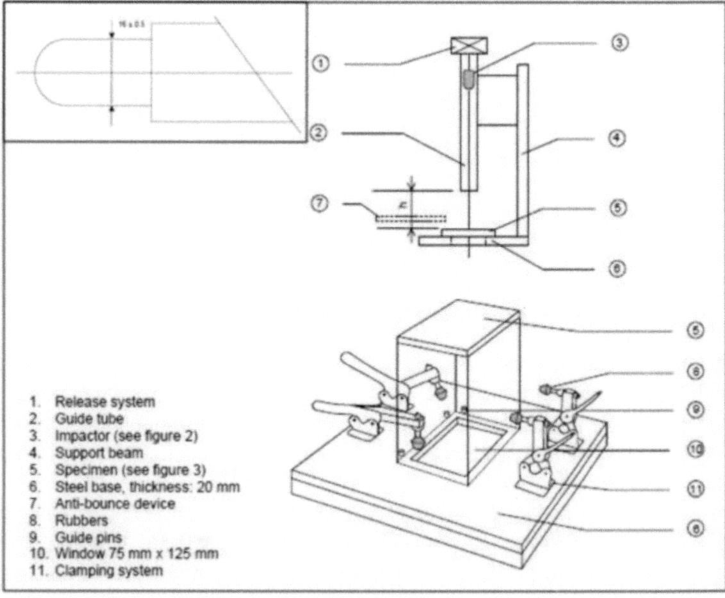

Abb. 56: Anlage zum Impacten der CAI-Proben [27]

Nach dem Impacten wird auf der Prüfmaschine die Druckfestigkeit bestimmt. Auch hier ist eine spezielle Vorrichtung notwendig, die Prüfkörper werden dabei an allen 4 Seiten über die gesamte Kantenlänge fest eingespannt, sodass ein Durchbiegen verhindert wird und die reine Druckfestigkeit bestimmt werden kann.

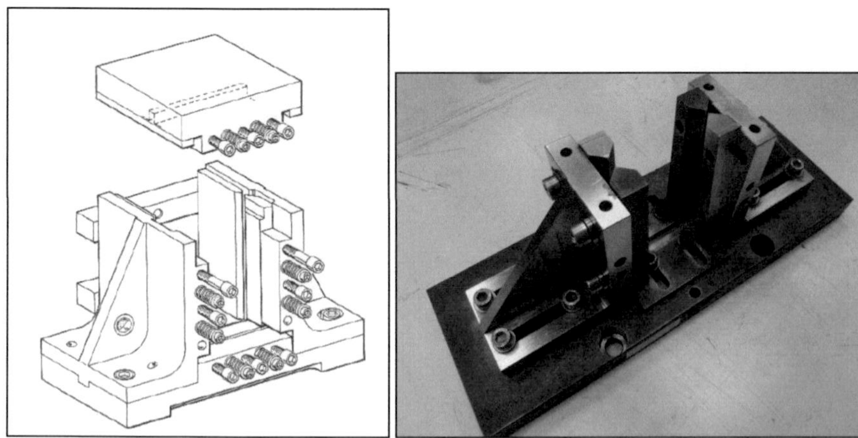

Abb. 57,58: Vorrichtung für CAI-Prüfung [27], Vorrichtung für CAI-Prüfung am IFB

Nach Beendigung der Druckversuche kann die Druckfestigkeit berechnet werden.

Druckfestigkeit in MPa:
$$\sigma_r\,(E) = \frac{P_r}{w * t}$$

Die Restfestigkeit ergibt sich aus dem Verhältnis von geschädigten Proben zu ungeschädigten Proben.

Restfestigkeit in %:
$$\sigma_r = \frac{\sigma_r\ \text{geschädigt}}{\sigma_r\ \text{ungeschädigt}}$$

Über die Restfestigkeit ist es sehr gut möglich, Materialien miteinander zu vergleichen und so zu beurteilen. Auch sind Rückschlüsse möglich, welche Belastungen ein Verbund noch zu leisten vermag, wenn es geschädigt ist.

5.   Vorversuche

Die Vorversuche dienen in erster Linie dazu, der Thematik der Diplomarbeit näher zu kommen, denn mit der Verarbeitung von Naturfasern im generellen und Flachsfasern im speziellen betritt man in der Flechttechnik für Faserverbundbauteile durchaus Neuland. Da keine vergleichbare Literatur auf diesem Gebiet vorhanden ist, sollen die Vorversuche primär zeigen, ob und wie weit eine Verarbeitung von Flachsfasern auf Flechtmaschinen überhaupt möglich ist.   Ziel der Vorversuche ist es auch, geeignete Fasern und Harzsysteme zu ermitteln, auf welche in der Diplomarbeit bzw. der Kennwertermittlung der genauere Fokus gelegt werden soll. Weiterhin sollen die Fertigungsabläufe soweit optimiert werden, dass eine optimale Laminatherstellung für die Prüflaminate und Prüfkörperherstellung gewährleistet ist. Folgende Grafik zeigt die Übersicht über die verschiedenen Vorversuche, die durchgeführt wurden. Dabei werden die im Kapitel 4 genauer beschriebenen Flachsfasertypen genauer getestet und hinsichtlich der Verarbeitung als auch Prozessfähigkeit genauer untersucht. Von beiden Fasertypen werden Geflechte hergestellt die anschließend zu Laminaten weiterverarbeitet werden.

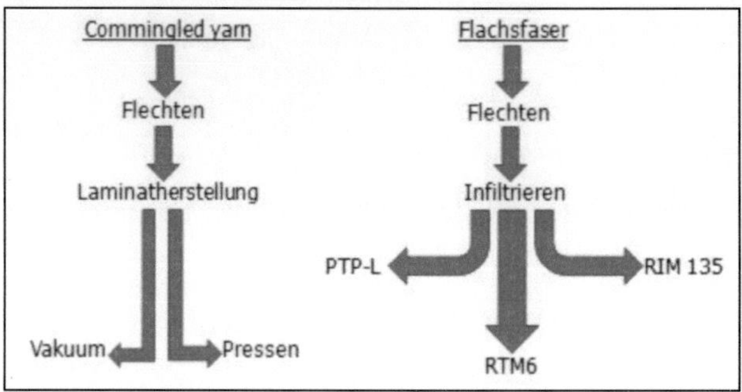

Abb. 59: Vorgehen Vorversuche

5.1   Verarbeitung

In den Vorversuchen wird primär die 64-Klöppel-Flechtmaschine verwendet, um die Verarbeitung der Materialien hin zu textilen Preforms im kleineren Maßstab genauer zu testen. Für eine konstante Abzugsgeschwindigkeit sorgt dabei der 6-achsige Kuka Roboter. In den Vorversuchen werden Rundgeflechte (Kerndurchmesser: 40 mm) hergestellt, welche anschließend aufgeschnitten und als Geflechtlagen weiterverarbeitet werden. Auf die Anführung genauer Parameter wird an dieser Stelle verzichtet, da die Vorversuche nur eine Hinführung zum Thema darstellen und insgesamt mit den Parametern viel experimentiert wurde, bis gute Ergebnisse und optimale Einstellungen erzielt wurden. Die endgültig festgelegten Parameter sind dem Kapitel 6 zu entnehmen. Auch auf z.B. das Umspulen wird hier nicht näher eingegangen werden, da dieses prozesstechnisch nicht relevant ist.

5.1.1   Commingled Yarns

Die Flachsrovinge   mit integrierten PP-Fasern (commingled yarns) werden mit der Flechtmaschine sowohl triaxial als auch biaxial verarbeitet. Dabei zeigen sich bei der triaxialen Verarbeitung größere Probleme. Es kommt dabei sehr häufig zu Flechtfehlern, da ausfransende PP-Fasern das Zusammenführen der Rovinge behindern und abbremsen und somit die Qualität des geflochtenen Materials stark beeinträchtigen. Auch eine Veränderung der Flechtparameter hat keinen positiven Effekt auf die Verarbeitung. Das Problem liegt dabei in der Faserstruktur. Durch den relativ rauen Roving kommt es in den Kreuzungspunkten durch die starke Reibung sehr schnell zu einem Aufsplicen der Fasern, wodurch diese Prozessfehler stellenweise auftreten können, da die enthaltenen Polypropylen-Fasern die Roving- und Faserablage abbremsen. Gerade Stehfäden mit einer 0°-Orientierung sorgen für sehr viel Reibung der Fasern untereinander, da durch diese sehr viel mehr Kreuzungspunkte entstehen, die Folge sind vermehrte Flechtfehler. Eine kontinuierliche und auch reproduzierbare Herstellung eines sauberen Geflechts erscheint folglich nur schwer zu realisieren und mit dieser Faser nicht möglich. Die folgenden Abbildungen zeigen die während des Flechtens entstandenen Probleme. Zu sehen sind durch die Reibung ausfransende PP-Fasern, die sich mit anderen Rovingen verknoten und somit das Geflecht abbremsen. Die Folge sind Flechtfehler, wie sie in den Abbildungen 61 und 62 zu sehen sind.

Abb. 60: Entstehung von Flechtfehlern durch PP-Fasern

Abb. 61,62: Flechtfehler

Bei einer biaxialen Verarbeitung, also ohne den Einsatz von Stehfäden zeigen sich diese Probleme nicht und es können optisch gute Geflechte hergestellt werden. Bedingt durch die geringeren Kreuzungspunkte kommt es zu einer geringeren Reibung, ein Aufsplicen von Fasern kann nicht mehr beobachtet werden. Weiterhin ist das Geflecht optisch als sehr gut einzustufen, es ist geschlossen und zeigt eine hohe Qualität hinsichtlich Faserverlauf und Winkelablage. Es ist möglich diese Qualität kontinuierlich, als auch reproduzierbar herzustellen. Bereits hier zeigt sich, dass die Parameter sehr genau auf die Flachsfasern abgestimmt werden müssen, genauer wie bei der Verarbeitung von Glas- oder Kohlenstofffasern. Die Flachsfasern können in ihrem Durchmesser bedingt durch den Stützfaden, der den Flachsroving umgibt nur sehr wenig variieren und auch beim Ablegen auf dem Kern sind kaum Änderungen hinsichtlich des Durchmessers möglich. Somit ist im Gegensatz zu anderen Faserarten kein großer Unterschied in der Ablagebreite möglich. Bei Glasfasern ist eine breitere Ablage möglich, wodurch deutlich mehr Spielraum gegeben ist, um ein geschlossenes Geflecht zu erhalten.

Flachsfasern sind daher schwieriger zu verarbeiten, da die Toleranzen bzw. der Verarbeitungsspielraum sehr viel geringer sind. Gerade für die commingled yarns konnten aber biaxial die Einstellungen sehr exakt definiert werden, sodass ein positives Ergebnis erzielt wurde, wie auch folgende Abbildung zeigt, in der deutlich die gute Geflechtqualität zu sehen ist.

Abb. 63: biaxiales Geflecht aus commingled yarns

5.1.2   Flachsfaser

In anderen Vorversuchen werden die Flachsrovinge verarbeitet, die bis auf den Stützfaden nur aus Flachsfasern bestehen.

Diese reinen Flachsfasern werden auf der Flechtmaschine biaxial und triaxial verarbeitet. Dabei zeigen sich keine Fehler in der Verarbeitung und es werden optisch gute Ergebnisse erzielt. Somit können Fehler bei der Verarbeitung in vorangegangenen Versuchen mit den commingled yarns eindeutig auf die integrierten PP-Fasern zurückgeführt werden. Auch zu sonstigen Flechtfehlern ist es bei der Verarbeitung nicht gekommen, was deutlich zeigt, dass diese Faser auf Flechtmaschinen verarbeitet werden kann und auch prozesssicher ist, wie eine kontinuierliche und reproduzierbare Geflechtherstellung zeigt. Diese Tatsache lässt den Schluss zu, dass eine Verarbeitung von reinen Flachsfasern auf Flechtmaschinen keine Problematik darstellt und mit einer Flechtmaschine ohne Abstriche möglich ist. Im Vergleich zu Geflechten aus Glasfasern oder Carbonfasern sind rein optisch betrachtet Ergebnisse erzielbar, die durchaus an die Qualität dieser heranreichen, jedoch ist das Geflecht in einigen Bereichen nicht exakt geschlossen. Auch hier liegt der Grund in den Stützfäden, die ein breiteres Ablegen der Flachsfasern verhindern und somit Lücken im Geflecht entstehen lassen und ein absolut geschlossenes Geflecht verhindern.

Abb. 64,65: Geflecht aus Flachsfasern

Auch im Bezug auf die abgelegten Winkel werden Ergebnisse erzielt, die den Ansprüchen gerecht werden, wie in den Abbildungen 64 und 65 zu erkennen ist, es zeigt sich ein geradliniger Faserverlauf. Der Winkel zwischen den Fasern ist abhängig von der Abzugsgeschwindigkeit des Geflechts, dementsprechend muss auch die Geschwindigkeit an die Flachsfasern angepasst werden, bis ein Winkel von 45° erzielt wird. In Verbindung mit den Flachsfasern wird auch die Federstärke genauer getestet. Prinzipiell kann die Federstärke in den Klöppeln verändert werden und somit auch Einfluss auf die Geflechtqualität genommen werden. Eine höhere Federstärke bewirkt ein besser geschlossenes Geflecht, allerdings darf auch hier die Federstärke nicht zu hoch eingestellt werden, um Faserschädigungen zu vermeiden. In Verbindung mit den Flachsfasern werden sowohl 350 g - als auch 500 g – Federn genauer untersucht. Letztendlich konnten mit beiden Federstärken ähnliche Ergebnisse erzielt werden, jedoch mit leichten Vorteilen für die 350 g –Federn, da die 500 g – Federn insgesamt etwas zu hart erscheinen und es dabei auch vereinzelt zu einem Reißen von Rovingen kommt.

Im Zuge der Vorversuche wurden versuchsweise auch einige Hybridgeflechte hergestellt. Auch auf die Ergebnisse dieser Geflechtherstellung soll kurz eingegangen werden. Dazu wurde die Hälfte aller Flechtklöppel mit Flachsspulen besetzt, die andere Hälfte wurde mit Kohlenstofffaserspulen (HTS 12k) besetzt. Daraus lässt sich ein Geflecht herstellen, das die Eigenschaften der beiden Fasertypen kombiniert. Allerdings lässt sich ein solches Hybridgeflecht nur mit großer Mühe herstellen, von einer möglichen Reproduzierbarkeit kann keine Rede sein.
Abbildung 66 zeigt zwar, dass es grundsätzlich machbar ist, Hybridgeflechte aus Flachsfasern und Kohlenstofffasern aufzubauen, jedoch ist diese Qualität nicht reproduzierbar und obliegt eher dem Zufall. Sehr viel häufiger kommt es zu Flechtfehlern, wie Abbildung 67 exemplarisch zeigt. Das Problem liegt in den relativ rauen Flachsfasern, die die Kohlenstofffasern in den Kreuzungspunkten mehr oder weniger schädigen und aufsplicen. Die ausgefransten Kohlenstofffasern verknoten einzelne Rovinge, wodurch es zu einem Geflechtstau kommt, die Geflechtherstellung wird abgebremst und Flechtfehler entstehen.

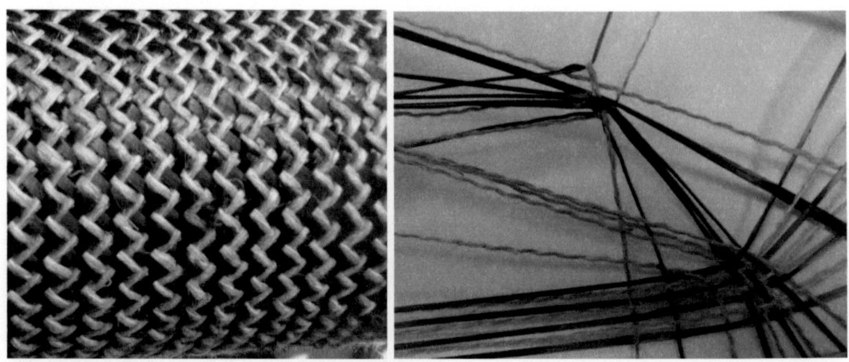
Abb. 66,67: Geflecht aus Flachs- und Kohlenstofffasern

Diese Flechtfehler sind aber nicht nur der Materialkombination und dem Umstand, dass die Flachsfaser die Kohlenstofffaser aufraut zu verdanken, sondern auch die Flechtmaschine hat einen großen Einfluss auf die Geflechtqualität. Für diese Vorversuche wurde die große Flechtmaschine verwendet, mit 176 Klöppeln sorgen die vielen Kreuzungspunkte für sehr viel Reibung und wiederkehrende Fehler. Auf der kleinen Flechtmaschine mit 64 Klöppeln lässt sich ein Hybridgeflecht problemlos herstellen, auch weil hier sehr viel weniger Kreuzungspunkte für eine geringere Reibung sorgen. Diese Tatsache zeigt, dass Hybridgeflechte herstellbar sind, allerdings aktuell nur im kleinen Maßstab. Für größere Geflechte und Bauteilgeometrien muss die Verarbeitung am großen Flechter optimiert werden, ehe hier eine Herstellung Sinn macht.

5.2   Laminatherstellung

5.2.1   Aushärtung commingled yarns

Bei den commingled yarns wird in Anschluss an die Geflechtherstellung das eigentliche Laminat hergestellt. Dazu muss unter geeigneten Bedingungen die im Roving integrierte Matrix aufgeschmolzen werden. In einem Ansatz wird dabei das Geflecht unter Vakuum erhitzt, sodass der Schmelzpunkt des PP überschritten wird. Bei verschiedenen Versuchen wird das Material eine gewisse Zeit bei gewissen Temperaturen belassen und somit der Matrix genug Zeit gegeben, um optimal und vollständig aufzuschmelzen und die Fasern zu imprägnieren.

Dabei zeigen sich auch bei Temperaturen von weit oberhalb des Schmelzpunktes von Polypropylen Ergebnisse, die nicht zufriedenstellend sind. Es ist deutlich erkennbar, dass zu wenig Matrix bzw. PP in den Fasern vorhanden ist, um die Naturfasern optimal einzubetten und so für optimale Eigenschaften zu sorgen. Es verbleiben teilweise trockene Stellen, wo Fasern keinen Kontakt zur Matrix haben. Dementsprechend ist auch nur eine geringe Haftung der Lagen zueinander vorhanden. Die Lagen lassen sich relativ leicht und ohne große Kraftanstrengung voneinander abziehen. Trockene Stellen im Laminat sind gerade im Hinblick auf eine Kennwertermittlung als Schwachstellen zu sehen und reduzieren die mechanischen Eigenschaften deutlich. Ein Grund für diese Ergebnisse ist vor allem in der thermoplastischen Matrix zu suchen, die durch ihre hohe Viskosität keine Neigung hat die Fasern zu imprägnieren bzw. die Fasern optimal einzubetten.

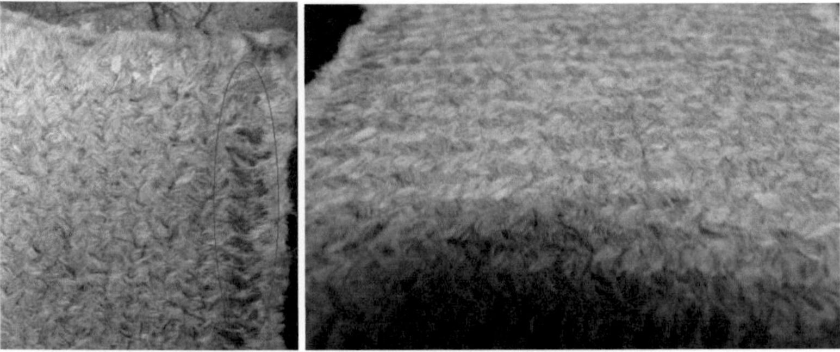
Abb. 68,69: schlechte Ergebnisse bei der Verarbeitung von commingled yarns

Da vermutet wird, dass für die schlechte Laminatqualität auch der geringe Druck verantwortlich ist, sollen in weiteren Versuchen das Material bzw. die Geflechtlagen in einer Heißpresse verarbeitet werden, wo mit höherem Druck das erhitzte Material hinreichend verpresst werden kann und somit bessere Ergebnisse zu erwarten sind.

Jedoch zeigen sich auch hier nur unzureichende Ergebnisse. Bei einem Druck von 30 bar, einer ausreichenden Temperatur, um die Matrix in Schmelze zu verwandeln und einer Haltezeit von 30 Minuten zeigt sich eine sehr schlechte Haftung der Lagen untereinander, sowie eine sehr schlechte Einbettung der Fasern in der Matrix. Zwar konnte gerade die Haftung der Lagen untereinander durch den höheren Druck verbessert werden, sodass ein Auseinanderreißen mit der bloßen Hand nicht mehr möglich ist, dennoch sind trockene Fasern auch hier nicht zu vermeiden. Rein optisch betrachtet ist dieses Material oder Laminat von unzureichender Qualität. Versuche bei Temperaturen, die weit über dem Schmelzpunkt von PP liegen würden diesen Effekt wahrscheinlich verbessern, jedoch sind die Fasern nur bis zu einer Temperatur von 180°C stabil, dementsprechend sollen diese Temperaturen nicht bzw. nur so kurz wie möglich überschritten werden. In folgender Abbildung ist ein in der Heißpresse hergestelltes Laminat mit deutlich trockenen und nicht imprägnierten Fasern zu sehen.

Abb. 70: Pressversuch commingled yarn

Unter Berücksichtigung dieser Resultate wird vermutet, dass mindestens 50 Vol.% Matrix-Anteil notwendig sind, um für gute Ergebnisse hinsichtlich optimal eingebetteter Fasern und Laminatqualität zu sorgen. Dies hätte zwar eine Reduzierung des Faservolengehalts zur Folge, dennoch ist gerade im Hinblick auf die Flachsfaser ein FVG von 50 - 55 % als realistisch anzunehmen, um gute Ergebnisse zu erreichen. Zum Vergleich: mit dem VARI-Verfahren kann bei Glas- bzw. Kohlegeflechten ca. ein FVG von 60 % erreicht werden. Dies führt allerdings auch zu dem Schluss, das für dieses Material eine Kennwertermittlung aktuell zu früh und noch nicht möglich ist.

5.2.2 Infiltration Flachsfaser

Bei den Geflechten aus reinen Flachsfasern müssen die Halbzeuge in Matrix eingebettet werden, um ein Laminat bzw. einen Verbund herzustellen. Die geflochtenen Probeplatten werden mit verschiedenen Harzen infiltriert, um ein geeignetes Harz bzw. das am besten geeignete Harz für die Fasern zu finden. Die Infiltration wurde mittels des VARI-Verfahrens durchgeführt. Der Standardaufbau des VARI-Verfahrens ist den vorgehenden Kapiteln zu entnehmen, grundsätzlich wurde das Harz bei 30 mbar infiltriert. Im Zuge dieser Vorversuche wurde auch ein optimaler Rücksaugdruck ermittelt. Der Rücksaugdruck kann nach abgeschlossener Infiltration eingestellt werden und steuert auch den FVG. Da bzgl. der Infiltration von Flachsfasergeflechten keine Literaturwerte oder –vergleiche bekannt sind, musste der geeignetste Rücksaugdruck ermittelt werden.

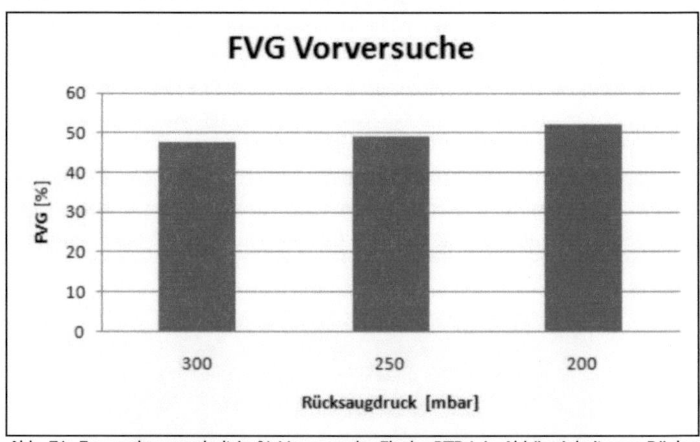

Abb. 71: Faservolumengehalt in % Vorversuche Flachs-PTP-L in Abhängigkeit vom Rücksaugdruck

Dabei zeigt sich, dass mit einem Rücksaugdruck von 200 mbar ein Faservolumengehalt von etwa 52 % erzielt wird. Ein weiteres Absenken des Rücksaugdrucks führt zu keinem höheren FVG. Ein höherer FVG kann daher nur noch erzielt werden, wenn die Geflechtqualität weiter verbessert und optimiert wird. Bei einem optimal geschlossenen Geflecht ist mit Sicherheit ein Faservolumengehalt von 55 % möglich bzw. realistisch, da dadurch weniger Zwischenräume für Harzansammlungen gegeben sind. Ein noch höherer FVG ist wahrscheinlich nicht möglich, bedingt durch die Struktur der Faser und der Tatsache, dass diese im Flechtprozess beim Ablegen den Durchmesser kaum ändert und in der Ablagebreite nicht variieren kann und somit immer kleinere Hohlräume zwischen den Rovingen verbleiben.

Es werden verschiedene Harze in Verbindung mit den Flachsfasern getestet, neben den bereits beschriebenen Harzsystemen (PTP-L und RIM 135) wird in einigen Versuchen auch ein RTM6-Harz verwendet.

Da auf dieses Harz nur in wenigen Vorversuchen zurückgegriffen wird, soll hier auch nur kurz auf dieses Harzsystem eingegangen werden und wird im Kapitel 4.1 nicht näher beschrieben. Das RTM6-Harz ist ein vorgemischtes Epoxid/Amin-Harzsystem, welches entwickelt wurde, um die Anforderungen in der Luftfahrt und den RTM-Prozess zu erfüllen. Es ist das Hochleistungsharz schlechthin im Bereich der FVK. Es muss bei niedrigen Temperaturen (-20 °C) gelagert werden, um ein vorzeitige Reaktion zu vermeiden. Bei Zimmertemperatur ist RTM6 eine feste Masse, welche bei Erwärmung (80°C) schnell niederviskos wird. Die Einsatztemperatur für fertige Produkte liegt zwischen -60 und 180 °C. Es handelt sich bei der Härtung von RTM6 um Warmhärtung, d.h. um das Epoxid zum Vernetzen zu bringen, muss Energie in Form von Wärme zugeführt werden. Infiltriert wird das Harz bei 120°C, eine Aushärtung findet bei 180°C statt, wie auch in folgender Abbildung zu sehen ist.

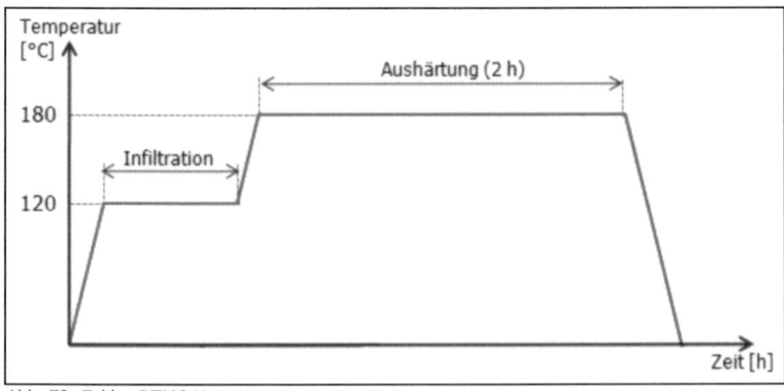

Abb. 72: Zyklus RTM6-Harz

5.2.2.1   Ergebnisse der Infiltration

Im Folgenden wird genauer auf die Ergebnisse der Infiltration der Flachsfasergeflechte eingegangen. Die Infiltration der Faser verläuft anfangs nicht ganz reibungslos, da es zu einigen Problemen gekommen ist, die es im Zuge der Vorversuche genauer zu untersuchen und auch zu beseitigen galt. Anschließend soll genauer auf die entstandenen Probleme eingegangen werden und die Wege der Lösung aufgezeigt werden.

Es zeigte sich relativ schnell, dass die Hauptprobleme während der Prozessführung und Laminatherstellung bei der Infiltration der Fasern mit dem Harz auftreten. In diesen Punkt wurde daraus resultierend viel Entwicklungsarbeit hineingesteckt, um die Probleme zu beseitigen und um möglichst gute Eigenschaften zu erzielen, gerade auch im Hinblick auf die spätere Kennwertermittlung.

Einige wichtige Anforderungen an die Flachslaminate waren:

- Glatte Oberfläche, die dem Vergleich zu Glas oder Carbon standhält
- Vollständige Imprägnierung der Faser unter Erzielen eines guten Faservolumengehaltes

5.2.2.1.1   Oberflächenqualität

Bezüglich der Oberflächenqualität zeigten sich zu Anfang einige Probleme, eine glatte und saubere Oberfläche zu erhalten. Die Tatsache, dass die Fasern sehr viel Harz, auch über längere Zeiträume aufsaugen und noch lange nach der Infiltration Harz aus den Zwischenräumen saugen, führt zu einer schlechten Oberfläche.

Da teilweise mit Harzen gearbeitet wurde, die eine Aushärtezeit von ca. 12 - 24 Stunden haben, hat hier die Faser noch über mehrere Stunden bis zum Gelieren die Möglichkeit nach der Infiltration das Harz aus den Faserzwischenräumen zu saugen. Die Folge ist eine schlechte Oberfläche, sichtbar in folgenden Abbildungen. Es sind deutlich die Zwischenräume zwischen den Rovingen zu sehen, aus denen das Harz gesaugt wurde.

Abb. 73: Oberflächenfehler bei PTP-L-Matrix (Aushärtung ohne Beschleuniger)

Abb. 74: Oberflächenfehler bei Epoxydharz-Matrix

Die Fasern sind auch vor dem „Nachsaugen" vollständig imprägniert, dennoch nehmen die Faserbündel trotzdem anschließend unter Zunahme des Durchmessers weiteres Harz auf. Dieser Einfluss konnte z.B. auch beim Tempern beobachtet werden. Hierbei zeigten Laminate vor dem Tempern eine glatte Oberfläche. Bei einem anschließenden Tempern zeigt sich der Effekt des Nachsaugens vor allem dann, wenn das Laminat zu schnell erhitzt wird und dadurch weich wird. Selbst hier saugen die Fasern Harz nach, eine vor dem Tempern ansprechende Oberfläche ist nach dem Tempern mit Oberflächenfehlern überzogen. Dieser Effekt zeigt auch, wie wichtig eine genaue Prozessführung beim Tempern ist und dass der Verbund sehr langsam auf Temperatur gebracht werde sollte.

Dieses Problem wurde umgangen bzw. gelöst, indem der Aufbau des VARI-Verfahrens leicht abgeändert wurde, wie Abbildung 75 zeigt.

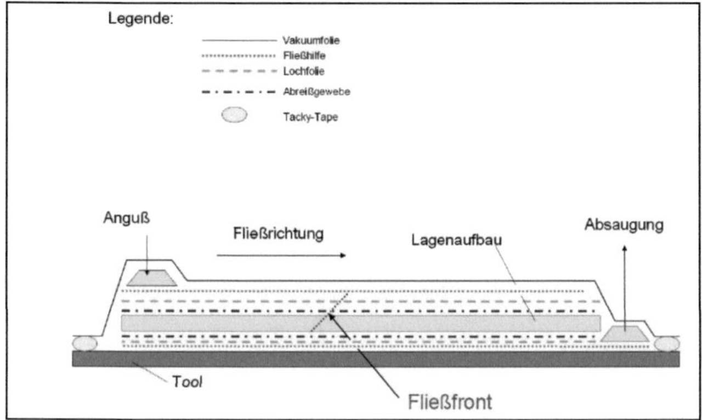

Abb. 75: geänderter Aufbau VARI für Epoxydharz MGS L 135

Die Fließhilfe liegt nun komplett auf und unter dem Bauteil über die gesamte Fläche. Nach der Infiltration verbleibt durch die Anordnung Harz über die gesamte Oberfläche des Bauteils in der Fließhilfe, die Faser hat somit die Möglichkeit Harz aus dieser Fließhilfe zu saugen und nicht aus den Zwischenräumen. Durch diese Anordnung ist es gelungen eine optisch saubere Oberfläche herzustellen, vergleichbar zu einer Oberfläche eines Bauteils aus GFK oder CFK.

Abb. 76: Oberfläche nach modifiziertem VARI-Aufbau

Sonderbar erscheint auch die Tatsache, dass durch die Prozessführung und den dadurch anliegenden Rücksaugdruck bis zur Aushärtung, das Aufsaugen des Harzes aus den Zwischenräumen nicht verhindert werden kann. Das Problem liegt daran, dass die Fasern das Harz aus den Zwischenräumen aufnehmen, es findet nur eine Umlagerung des Harzes statt. So kann auch der eingestellte Rücksaugdruck diesen Effekt nicht kompensieren.

Bei Versuchen mit dem Bioharz PTP-L zeigen sich diese Oberflächenfehler nicht, da die Faser aufgrund der extrem schnellen Aushärtezeit (ca. 2 Minuten) der Matrix keine Möglichkeit hat, Harz aufzunehmen. Weiterhin ist hier davon auszugehen, dass das Bioharz aufgrund der geringfügig niedrigeren Viskosität die Faser besser imprägniert als ein Epoxydharz und somit ein Nachsaugen nicht in der Stärke wie bei RIM 135 auftritt. Wird der Prozess der Aushärtung aber bewusst verlangsamt, indem z.B. ohne Beschleuniger gearbeitet wird, so tritt der oben beschriebene Effekt auch auf und es ergeben sich Oberflächenfehler.

5.2.2.1.2 Imprägnierung der Faser

Ein weiteres Problem stellt das Imprägnieren der Fasern mit Harz dar. Betrachtet man ein Schnittbild einer infiltrierten Platte, so fällt auf, dass einige Bereiche schlecht infiltriert sind bzw. das Harz nicht in alle Bereiche des Laminats vordringt. Rein optisch betrachtet macht es den Anschein, dass das Harz an einigen Stellen nicht in den Roving eindringt bzw. eindringen kann und die Filamente benetzt. Zur Folge hätte dies natürlich eine Schwachstelle bzw. eine Reduzierung der mechanischen Eigenschaften. Der erste Verdacht, dass die Stützfäden die Fasern so sehr umschlingen und zusammenpressen und somit ein Harzeindringen verhindern konnte nicht bestätigt werden. In einigen Versuchen wurden gezielt nach der Geflechtherstellung die Stützfäden entfernt, sodass die Elementarfasern nicht mehr fest umschlossen sind. Das Harz sollte nun eine bessere Möglichkeit haben, in alle Bereiche des Geflechts einzudringen. Jedoch zeigten sich auch hier keine Verbesserungen.

Abb. 77,78: Schnitt durch das Laminat: Besonders in oberer Ansicht sind trockene Stellen zu erkennen

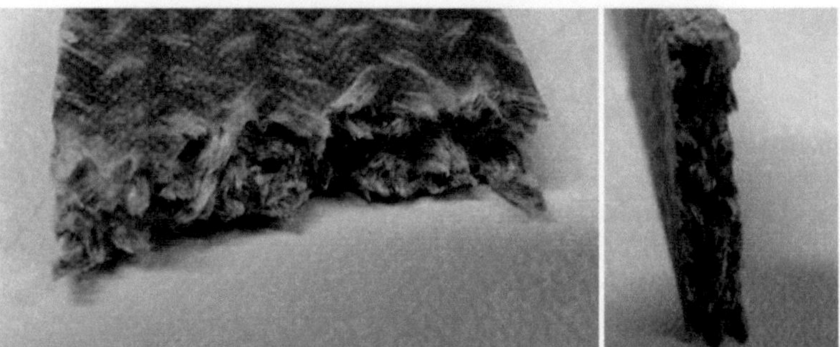

Abb. 79,80: Buchprobe: teilweise unbenetze Stellen führten zu einem Versagen an dieser Stelle

Auch dieser Effekt konnte besonders beim Epoxydharz RIM 135 beobachtet werden. Betrachtet man die Viskosität des Harzes, fällt auf, dass diese mit ca. 430 mPas (20 °C) deutlich über der des Bioharzes liegt (ca. 350 mPas). Dementsprechend kommt es bei Verwendung des Bioharzes zu sehr viel besseren Ergebnissen hinsichtlich der Faserimprägnierung, weil durch die geringere Viskosität das PTP-L sehr viel leichter in die

Fasern eindringen kann. Durchaus ein erstes Indiz dafür, dass das PTP-L besser für Flachsfasern geeignet ist als das Epoxydharz MGS RIM 135.

Beim Epoxydharz wurden die Ergebnisse verbessert, indem die Fasern vorgetrocknet wurden und somit frei von Luftfeuchtigkeit waren. Weiterhin wurde das Harz auf 35°C erhitzt und in ebenfalls erhitzte Fasern (50°C) infiltriert. Die Wärme hat eine Senkung der Viskosität des Harzes zu folge, wodurch die Fasern besser benetzt werden und somit bessere Ergebnisse erzielt werden. In der folgenden Abbildung ist schon mit bloßem Auge deutlich erkennbar, dass die Probeplatte mit optimierten Parametern deutlich besser infiltriert ist. Bei der Erhöhung der Temperatur muss jedoch die damit verbundene Reduzierung der Topfzeit beachtet werden, diese Reduzierung kann jedoch aufgrund der geringen Infiltrationszeit verkraftet werden. Dennoch sollte je nach Bauteilgeometrie abgewägt werden, ob eine Reduzierung der Topfzeit sinnvoll ist.

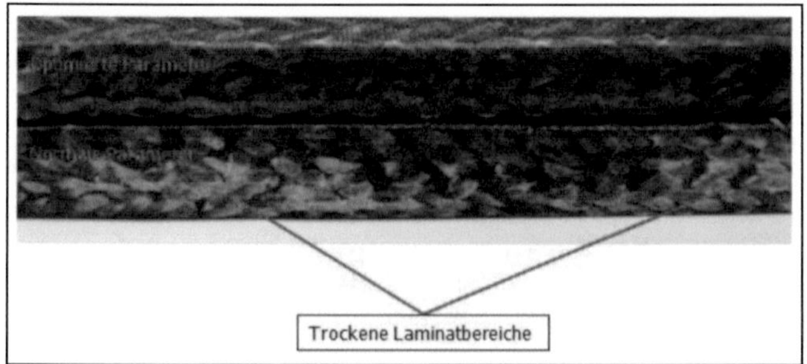

Abb. 81: Vergleich zwischen normaler und optimierter Variante

Auch beim Betrachten dieser Bereiche unter dem Stereomikroskop und starker Vergrößerung sind deutlich die trockenen Fasern zu sehen und die Tatsache, dass kein Harz in die Faser eingedrungen ist.

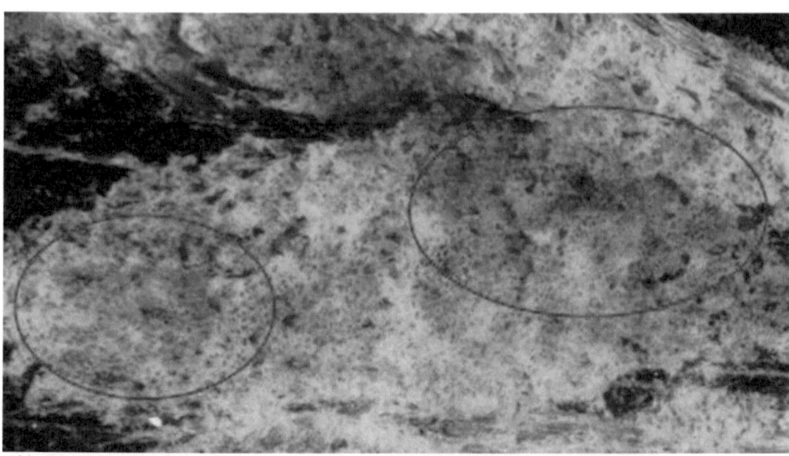

Abb. 82: Lichtmikroskopaufnahme von trockenen Bereichen (32-fache Vergrößerung)

Trotz der Optimierung und der damit verbundenen besseren Ergebnisse reichen diese nicht an die Ergebnisse des Bioharzes heran. Im Laminat, das PTP-L als Matrix hat, sind keine trockenen Stellen zu finden. Dennoch empfiehlt es sich auch hier die Fasern vorzutrocknen, damit bessere Kennwerte erzielt werden können.

Abb. 83: Schnitt durch Laminat mit PTP-L-Matrix

5.2.2.1.3 Faserabbau

Bei einigen Versuchen werden die geflochtenen Fasern mit einem RTM6 Harz infiltriert. Bei diesen Versuchen muss das Harz bei ca. 80°C erhitzt werden, da es bei Raumtemperatur in fester Form vorliegt. Im Anschluss wird das Harz bei 120°C infiltriert und härtet bei einer Temperatur von 180°C vollständig und computerunterstützt aus.

Die Ergebnisse dieser Versuche sind nicht zufriedenstellend. Grund dafür ist die Tatsache, dass die Flachsfasern bei hohen Temperaturen nur eine bestimmte Zeit thermisch stabil bleiben. Grundsätzlich sollten die Flachsfasern nicht länger als 15 Minuten bei 180°C verbleiben, da die Fasern sonst mit einem thermischen Abbau beginnen. Dementsprechend schlecht waren die Ergebnisse der Versuche mit dem RTM6 Harz, bei denen die Fasern im Standard-Zyklus ca. 2 Stunden auf 180°C erhitzt wurden. Folgende Bilder zeigen die schlechte Qualität bzw. den deutlich sichtbaren Faserabbau.

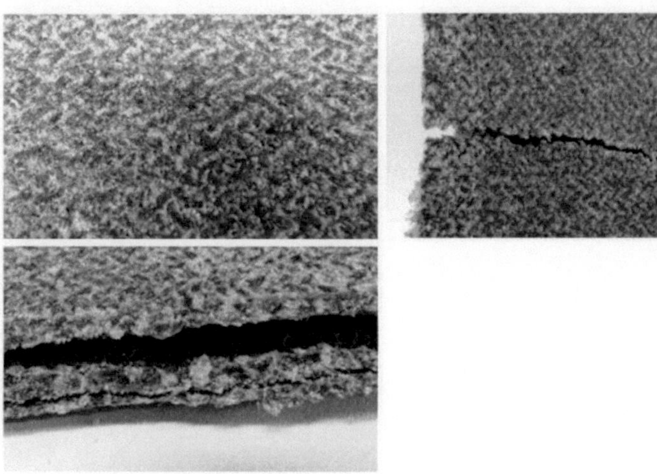

Abb. 84 - 86: Ergebnisse mit RTM6-Harz

Die Lagen der Platten zeigen bei geringer Krafteinwirkung Delaminationserscheinungen und lassen sich auch sehr leicht knicken und biegen, wobei deutlich sichtbar ist, das die Fasern thermisch geschädigt sind und keine wirkliche Festigkeit mehr gegeben ist.

5.3   Fazit Vorversuche

Aus den Vorversuchen kann gefolgert werden, dass ein genaueres Testen der commingled yarns aktuell keinen Sinn macht. Die Laminate liefern zu schlechte Ergebnisse, als das eine Kennwertermittlung überhaupt möglich ist. Der Matrixanteil in der Faser ist nicht ausreichend, um das Laminat bzw. die Fasern komplett einzubetten. Ein Matrixanteil von 30 Vol.% reicht nicht aus, daher wird vermutet, dass mindestens ein Matrixanteil von 50 Vol.% notwendig ist, um zu Ergebnissen zu führen, die für eine ausreichende Laminatqualität sorgen. Es gilt jetzt Entwicklungsarbeit beim Hersteller zu leisten, um diesen Fasertypen soweit zu optimieren, das Laminate hergestellt werden können, die vergleichbaren Laminaten in keiner Weise nachstehen. Denn grundsätzlich sollte die Idee, sich mit dieser Faser zu beschäftigen, weiterverfolgt werden aufgrund des hohen Potentials, das in ihr steckt. Besonders beim Betrachten der Vorteile in der Verarbeitung werden die Fasern mit wachsender Begeisterung betrachtet werden, denn durch die integrierte Matrix sind extrem schnelle Prozesszeiten möglich, wodurch eine erhebliche Kostensenkung möglich ist. Speziell für den Automobilbau ist die Faser interessant, da die Fasern durch geeignete Preformtechnologien sehr schnell und auch gut automatisierbar verarbeitet werden und anschließend sehr zügig z.B. in Heißpressen zu fertigen Bauteilen verpresst werden können.
Im Gegensatz dazu stehen die Flachsfasern, die sich gut verarbeiten lassen und nach anfänglichen Problemen auch zu guten Ergebnissen hinsichtlich der Laminatqualität führen. Deshalb soll im weiteren Verlauf der Diplomarbeit der Fokus auf die Flachsfasern gelegt werden und hier eine Kennwertermittlung stattfinden. Folgende Grafik zeigt nochmals den Verlauf der Vorversuche.

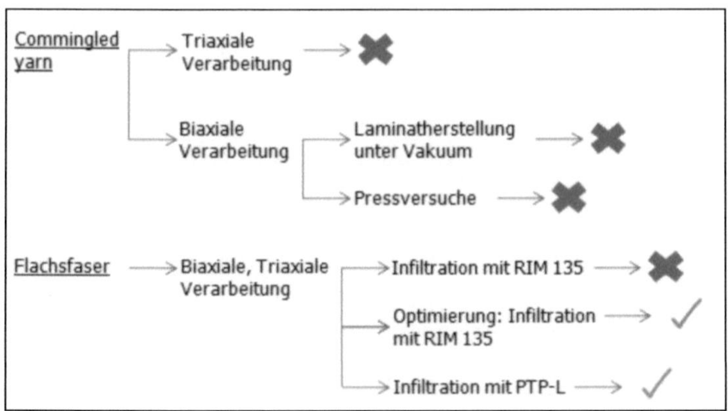

Abb. 87: Überblick der Vorversuche

Aus den Vorversuchen ergibt sich auch das weitere Vorgehen für die Diplomarbeit als auch für Kennwertermittlung. Der Fokus wird daher auf die Flachsfasern gelegt, die in Verbindung mit PTP-L und MGS L135 (optimierte Variante) genauer getestet werden sollen. Das RTM6 wird in Verbindung mit den Flachsfaser nicht genauer untersucht. Besonders ein Verbund aus Flachsfasern und PTP-L macht Sinn, da dieses im Vergleich zu einem normalen Flachsfaser-Epoxydharz-Verbund die besseren Ergebnisse hinsichtlich der Laminatqualität liefert. Ein weiterer sehr wichtiger Grund ist natürlich der ökologische Aspekt, schließlich kann dieser Verbund fast zu 100 % aus nachwachsenden Rohstoffen und daher biobasiert hergestellt werden. Deshalb macht der Aufbau eines Composites aus Flachsfasern in Verbindung mit Epoxydharz RIM 135 nur wenig Sinn, geht doch hier der Gedanke des „ökologischen Nutzens" verloren. Dennoch sollen auch Probeplatten aus Flachs in Verbindung mit RIM 135 aufgebaut werden, genauso wie Glasfasern in Verbindung mit Epoxydharz und PTP-L aufgebaut werden. Somit können bei der Kennwertermittlung die Flachsfasern sehr genau mit den Glasfasern verglichen werden und es kann eine klare Aussage getroffen werden, wie gut oder wie schlecht die Flachsfaser im Vergleich zur Glasfaser abschneidet. Auch ein Vergleich von dem Bioharz mit dem Standardharz ist dabei sehr gut möglich bzw. kann der Einfluss des Harzes auf die Fasern genau untersucht werden. Damit ist auch eine Aussage möglich, wie weit das Bioharz an das Epoxydharz MGS L135 heranreicht.

6. Versuchsdurchführung

Das folgende Kapitel beschäftigt sich mit dem Vorgehen bei der Kennwertermittlung und zeigt den Weg von den Fasern über ein Laminat bis hin zu ermittelten Kennwerten. Da im Kapitel Methodik bereits genauer die Prozessführung eingegangen und der Ablauf dargestellt wurde, soll an dieser Stelle auf eine Wiederholung verzichtet und nicht nochmals die Methodik dargestellt werden. Das Kapitel beschränkt sich vielmehr auf die Parameter und Prozesseinstellungen während der Prüfkörperherstellung und soll den Weg wissenschaftlich sowie reproduzierbar aufzeigen.

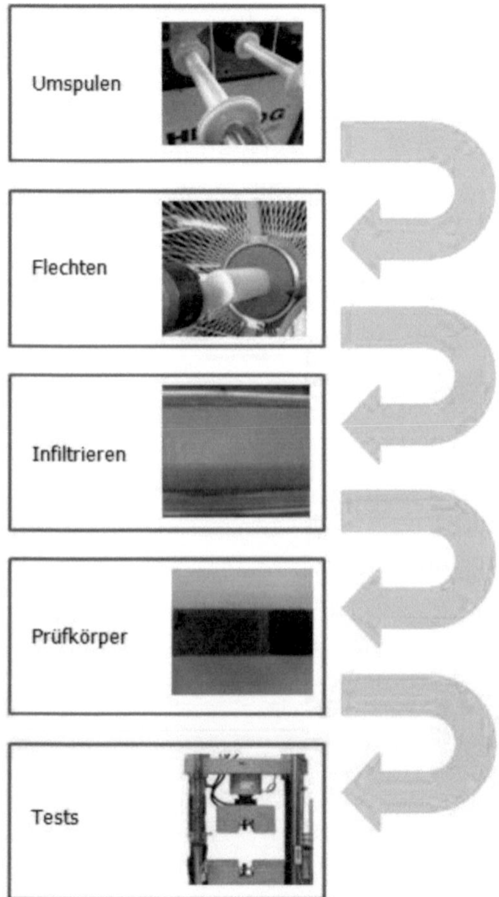

Abb. 88: Durchführung der Versuche

Eine Kennwertermittlung von Flachsfasern bzw. Flachslaminaten alleine macht wenig Sinn, da die Kennwerte mit Literaturwerten nur schlecht vergleichbar sind und da Literaturwerte meist nur die Eigenschaften der Fasern alleine und nicht die Eigenschaften in Verbindung mit Harzsystemen und vor allem der Fertigungstechnologie (Flechtverfahren) aufzeigen. Deshalb werden im Zuge dieser Diplomarbeit nicht nur Flachslaminate genauer getestet werden, sondern auch analog aufgebaute Glaslaminate. Dadurch ist ein direkter Vergleich von Glas und Flachs unter Berücksichtigung des Verarbeitungsverfahrens möglich. Somit kann exakt ermittelt werden, wie die Flachsfaser im Vergleich zur Glasfaser abschneidet. Wichtig dabei ist, dass die Geflechte unter den gleichen Bedingungen (z.B. gleicher Flechtwinkel) hergestellt werden, damit eine gute Vergleichbarkeit gegeben ist. Da auch der Einfluss des Harzes eine wichtige Rolle spielt, sollen beiden Faserarten jeweils mit RIM 135 als auch PTP-L getestet werden. Somit ist nicht nur eine Aussage über die Qualität der Fasern möglich, sondern auch über den Einfluss, die die Harzsysteme auf die Glas- bzw. Flachsfasern haben. Folgende Abbildung zeigt das weitere Vorgehen nochmals schematisch zusammengefasst.

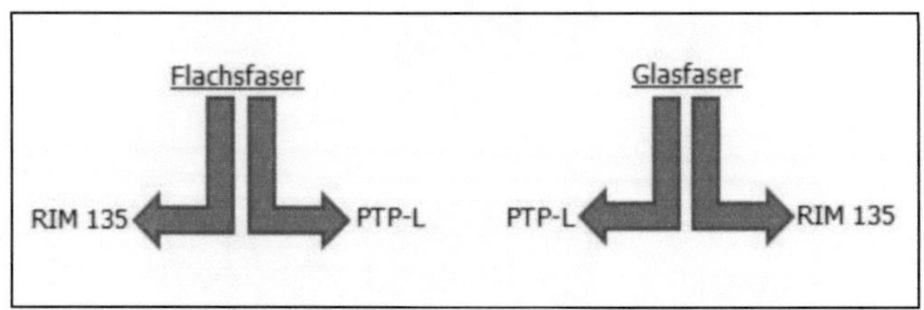

Abb.89: Vorgehen Kennwertermittlung

6.1 Umspulen

Die eingestellten Parameter beim Prozess des Umspulens zeigt Tabelle 10.

Parameter	Flachs	Glas
Fadenspannung [N]	20	25
Spulgeschwindigkeit [m/s]	0,98	0,98
Fadenverlegung	2	3,2

Tab. 10: Umspulparameter für Glas- und Flachsfasern

Von entscheidender Wichtigkeit ist es auch, genügend Material auf die Flechtspulen zu übertragen. Deshalb ist es notwendig, vor dem Umspulen zu berechnen, wie viel Material für den Prozess bzw. für sämtliche Prüflaminate notwendig ist. Dabei muss die Lagenanzahl berücksichtigt werden, die erforderlich ist, um ein Laminat mit einer Dicke von 4 mm aufzubauen, welche in den Normen für die Prüfkörper gefordert sind. Auch hier wurde in kleineren Vorversuchen getestet, wie viele Lagen pro Material notwendig sind. Es zeigt sich, dass bei einem Flachsgeflecht 4 Lagen und bei einem Glasgeflecht 5 Lagen notwendig sind, um 4 mm Laminatstärke zu erreichen. Weiterhin ist es notwendig zu wissen, wie viele Laminatplatten notwendig sind, um die zahlreichen Prüfkörper herauszuschneiden. Dabei ergeben sich pro Materialkombination 3 Laminatplatten, wobei die Geometrie der Laminatplatten aus dem Flechtkern hervorgeht. Die Geflechtlagen (Kernlänge und damit Geflechtlänge 150 cm) werden halbiert, sodass sich unter Berücksichtigung des Umfangs des Kerns (Kerndurchmesser 10 cm) Probeplatten mit 75 cm x 36 cm ergeben.
Damit sind für Probeplatten aus Flachs 12 Rungeflechte notwendig, für Glas durch die höhere Lagenanzahl 15.

Material	Kerngeflechte	Prüfgeflechte	Laminatplatten
Flachs	12	24	6
Glas	15	30	6

Tab. 11: notwendige Geflechte zur Prüfgeflechtherstellung

Mit diesen Grundlagen kann der Materialbedarf berechnet werden. Dabei wird die Rohrlänge (1,5 m) mit einem Sicherheitsfaktor (1,5) und einem weiteren Faktor, der die Wicklung und den Winkel der Faser (1,4 bei 45°) berücksichtigt multipliziert. Es ergibt sich daher ein minimaler Materialbedarf von 37,5 m pro Spule für Flachs. Insgesamt werden somit bei 176 Spulen über 6600 m an Flachsrovingen verarbeitet.

Bei den Glasfasern werden mehr Laufmeter benötigt, da auf Grund der geringeren Dicke eine höhere Lagenanzahl bei den Versuchsplatten notwendig ist und somit auch mehr Rohre abzuziehen sind. Bei den Glasfasern ergibt sich ein Materialbedarf von 47,25 m pro Spule, was einem Gesamtverbrauch von 8300 m entspricht.

Zusätzlich werden die Glasrovinge zweifach gefacht, d.h. es werden 2 Rovinge beim Umspulen zu einem Roving zusammengeführt. Das hat den Hintergrund, dass der Durchmesser des Glasfaserrovings an den Durchmesser des Flachsrovings ungefähr angepasst werden soll und somit auch nur 5 Lagen notwendig sind, um eine Materialstärke von 4 mm zu erreichen.

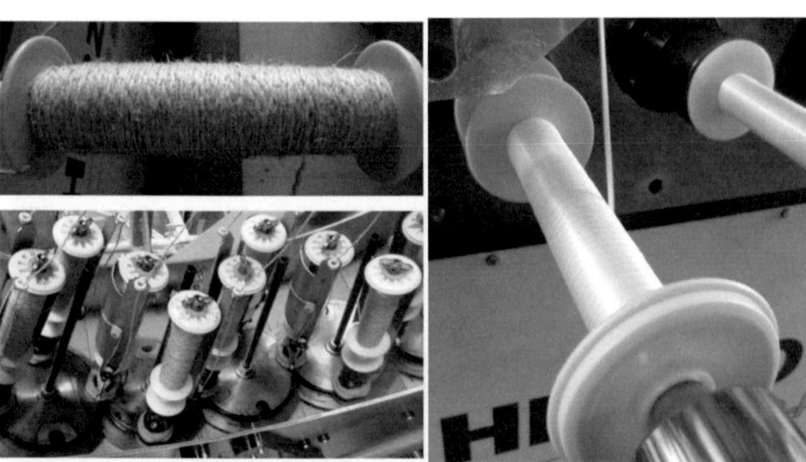

Abb. 90 - 92: umgespulte Flachs- und Glasfaser

6.2   Flechten

Auf genauere Flechteinstellungen wird an dieser Stelle nicht implizit eingegangen, es sei hier auf die Flechtprotokolle im Anhang verwiesen. Für die Herstellung der Prüfgeflechte muss aufgrund der Prüfgeflechtgröße die Flechtmaschine mit 176 Klöppeln verwendet werden. Die Methodik der Herstellung der Geflechte ist ebenfalls den entsprechenden Kapiteln zu entnehmen. Nachstehende Bilder zeigen exemplarisch die Geflechte während des Herstellungsprozesses.

An dieser Stelle sei auch auf die CD im Anhang der Diplomarbeit verwiesen, wo weitere Fotos, sowie Videos des Flechtvorgangs zu finden sind.

Abb. 93,94: Herstellung der Flachs- bzw. Glasfasergeflechte

6.3 Infiltration

Bei der Infiltration der Geflechte konnten die Ergebnisse aus den Vorversuchen direkt angewendet werden, um eine schlechte oder unzureichende Laminatqualität von Anfang an zu vermeiden. Auch hier sind Infiltrationsprotokolle im Anhang zu finden, die eine lückenlose Dokumentation der Versuche zeigen.

6.3.1 Infiltration Flachsfaser

Vor Beginn der Infiltration ist es unabhängig vom Harzsystem notwendig, die Fasern vorzutrocknen. Als geeignet erweist sich die Trocknung im Umluftofen bei 100 °C für die Dauer einer Stunde, um dem Geflecht die Luftfeuchtigkeit zu entziehen, die durchaus einen negativen Einfluss bei der Infiltration auf das Harz und die späteren Kennwerte haben kann. Nach dem Vorgang der Trocknung wird das Geflecht direkt im Vakuumaufbau verpackt und auch evakuiert, um dafür zu sorgen, dass die Flachsfasern keine neue Feuchtigkeit aus der Umgebungsluft aufnehmen können. Anschließend wir über die Dauer von einer Stunde mittels einer Vakuumpumpe die Luft aus dem Vakuumaufbau gesaugt, um möglichst die gesamte Luft aus dem Geflecht herauszusaugen und somit eine optimale Infiltration zu gewährleisten. Erst jetzt kann mit der Infiltration begonnen werden und die Harzsysteme angemischt werden. Es ist zwingend notwendig, das Harz vorab zu entgasen. Dabei empfiehlt sich die Verwendung eines Exsikkators, womit das Harz kontrolliert entgast werden kann.

Bei dem Epoxydharz RIM 135 kann zwar bei RT infiltriert werden, jedoch empfiehlt sich dieses Vorgehen, wie sich schon in den Vorversuchen gezeigt hat, nicht, da es zu trockenen Stellen im Laminat kommt. Deshalb wird das Geflecht bzw. der Vakuumaufbau auf ca. 40°C erhitzt, um ein besseres Fließen des Harzes zu gewährleisten und dafür zu sorgen, dass das Harz in sämtliche Zwischenräume bzw. bis in den Roving vordringt und somit möglichst sämtliche Elementarfasern benetzt. Außerdem wird das Harz auf ca. 30 °C erhitzt um die

Viskosität zu senken. Das Harz wird mit mäßiger Geschwindigkeit bei 30 mbar durch das Geflecht gesaugt, anschließend wird ein Rücksaugdruck von 200 mbar eingestellt.

Bei der Infiltration mit dem PTP-L kann eine Temperatur des Harzes von ca. 30°C gewählt werden, aber auch eine Infiltration bei RT ist problemlos möglich, das Geflecht wird auf ca. 50°C erwärmt. Infiltriert wird bei 30 mbar, es wird auch hier ein Rücksaugdruck von 200 mbar eingestellt. Anschließend wird das Laminat bei 150°C im Umluftofen ausgehärtet, dabei wird das Bauteil ca. 15 Minuten bei dieser Temperatur belassen, um sicherzustellen, dass das Bauteil zu 100% ausgehärtet ist. Anschließend sollte das Laminat noch unter Vakuum auf RT abgekühlt werden, bevor es entformt und weiterverarbeitet werden kann.

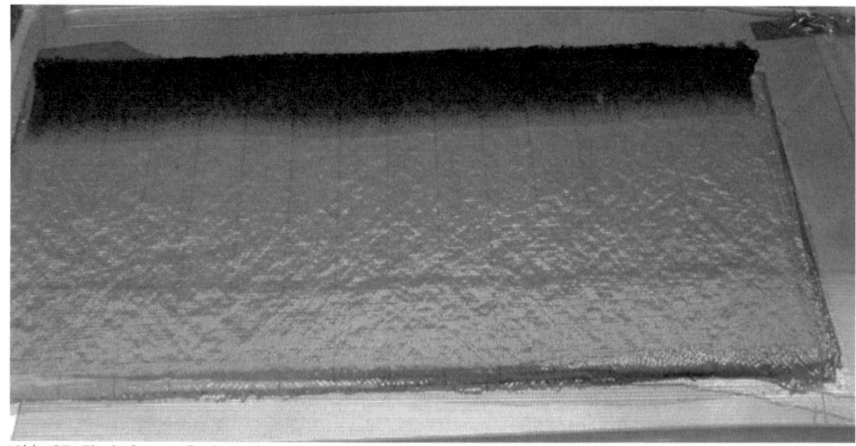
Abb. 95: Flachsfasergeflecht während der Infiltration mit Epoxydharz PTP-L

6.3.2   Infiltration Glasfaser

Die Infiltration der Glasfasern verläuft prozesstechnisch einfacher. Auf eine Vortrocknung kann verzichtet werden. Bei Verwendung von Epoxydharz kann bei RT infiltriert werden, auch eine Erwärmung des Harzes ist nicht notwendig, da diese Einstellungen ausschließlich dem Flachs angepasst wurden. Es wird bei 30 mbar infiltriert, der Rücksaugdruck wird auf 250 mbar eingestellt.

Bei der Infiltration mit PTP-L wird das Harz bei RT belassen, der Vakuumaufbau wird allerdings leicht erwärmt (ca. 50°C) um eine gute Fließfähigkeit des Harzes zu gewährleisten. Analog zum Epoxydharz wird ein Rücksaugdruck von 250 mbar eingestellt, bevor das Bauteil bei 150°C für etwa 15 Minuten ausgehärtet wird.

Nach erfolgter Aushärtung ist es bei dem RIM 135 sowohl in Verbindung mit Flachs als auch Glas notwendig, das Laminat zu tempern. Hierfür wird das Material für ca. 15 Stunden bei 60°C im Umluftofen belassen. Um auch eine Auskunft über die Dauer des Infiltrationsvorgangs zu geben, sei hier angemerkt, das pro Platte ca. eine Zeit von 15 Minuten notwendig ist, um bei konstanter und langsamer Geschwindigkeit das Geflecht komplett zu infiltrieren , bevor der Rücksaugdruck eingestellt werden kann.

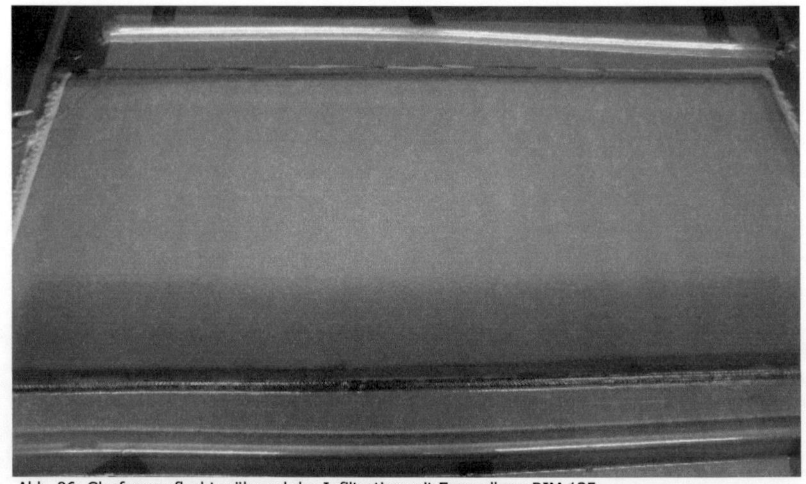
Abb. 96: Glasfasergeflecht während der Infiltration mit Epoxydharz RIM 135

6.4 Prüfkörperherstellung

Für die Herstellung der Prüfkörper empfiehlt sich die Erarbeitung eines genauen Schnittplanes. Ansonsten ist bei der Prüfkörperherstellung analog dem Vorgehen im Kapitel 4 zu verfahren. Wie schon angedeutet, werden pro Materialkombination 3 Probeplatten benötigt, um genug Platz für die zahlreichen Probekörper zu bieten. Im Anhang sind die genauen Schnittpläne zu finden, die für alle Materialkombinationen angewendet werden können. Es sind mindestens 6 Prüfkörper bei jedem Prüfverfahren und von jeder Materialkombination zu testen. Es werden jedoch jeweils 8 Prüfkörper hergestellt, um bei möglichen Normabweichungen Ersatzprüfkörper zu haben.

6.5 Tests

Sämtliche Testverfahren (ausgenommen das Impacten) wurden mit der Universalprüfmaschine von Schenk-Trebel RPM 250 durchgeführt. Es wird die Kraftmessdose mit 250 kN verwendet.

6.5.1 Impacten

Für die CAI-Testreihe ist es notwendig, einen Teil der Prüfkörper vorab zu schädigen. Die Schädigung wird dabei mit dem im Kapitel Maschinen beschriebenen Impactor durchgeführt. Das Schädigen ist notwendig, um neben der Druckfestigkeit auch eine Restfestigkeit zu ermitteln, dabei wird die Druckfestigkeit der geschädigten Proben ins Verhältnis zu der Druckfestigkeit der ungeschädigten Proben gesetzt. Ein Drittel der Proben wird ungeschädigt belassen, ein weiteres Drittel wird mit 5 J geschädigt und das letzte Drittel wird mit 10 J geschädigt. Dazu wird ein definiertes Gewicht mit einer Stahlhalbkugel aus einer berechneten Höhe auf die Probe fallen gelassen, um die Schädigung von 5 J bzw. 10 J zu erreichen. Normalerweise werden konventionelle CAI-Proben aus CFK und GFK mit 25 J bzw. auch 40 J geschädigt. Dieses Vorgehen ist bei Flachs nicht möglich, da es bei solch hohen schlagartigen Belastungen zu einem Durchschlag kommen würde. Auch hier wurde vorab getestet, wie hoch in etwa die maximale Schädigung sein kann, wobei sich in etwa 10 J als Maximum herausgestellt hat. Um die durch die Schädigung ermittelte Druckfestigkeit als auch Restfestigkeit bei Glas und Flachs exakt zu vergleichen, wurden auch die Prüfkörper aus Glas mit 5 J bzw. 10 J geschädigt.

Gewünschter Impact [J]	Gewicht [kg]	Resultierende Fallhöhe [cm]
5	3,5	14,6
10	3,5	29,1

Tab. 12: erforderliche Fallhöhe für gewünschte Schädigung

Folgende Abbildungen zeigen geschädigte Proben aus Flachs und Glas mit den verschiedenen Harzsystemen, deutlich zu sehen der entstandene Impact in der Prüfkörpermitte.

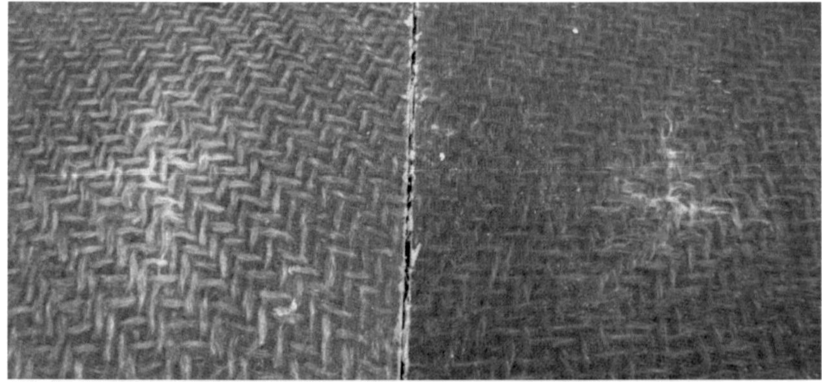

Abb. 97: Mit 10 J geschädigte CAI-Prüfkörper, links Epoxydharz, rechts PTP-L

Abb. 98: Mit 10 J geschädigte CAI-Prüfkörper (Glas-RIM 135-Verbund)

6.5.2 Kennwertermittlung

Die Kennwertermittlung erfolgt anhand folgender Prüfverfahren:

- Zug
- Druck
- ILS (Interlaminare Scherfestigkeit)
- CAI (Compression after Impact)
- IPSS (In-Plane Shear Stress)

Tabelle 13 zeigt den Versuchsplan und die notwendige Probenanzahl für die Untersuchung und Ermittlung der Bauteilkennwerte.

Fasern	Flachs	Flachs	Glas	Glas
Matrix	PTP-L	RIM 135	PTP-L	RIM 135
Geflechtlagen	4	4	5	5
Anzahl Prüfkörper Druck-Prüfverfahren	6	6	6	6
Anzahl Prüfkörper Zug-Prüfverfahren	6	6	6	6
Anzahl Prüfkörper ILS-Prüfverfahren	6	6	6	6
Anzahl Prüfkörper IPSS-Prüfverfahren	6	6	6	6
Anzahl Prüfkörper CAI-Prüfverfahren	7	6	6	6
davon ungeschädigt	2	2	2	2
geschädigt mit 5 J	2	2	2	2
geschädigt mit 7,5 J	1	-	-	-
geschädigt mit 10 J	2	2	2	2

Tab. 13: Versuchsplan

7.   Ergebnisse

7.1   Verarbeitung

Bevor näher auf die Ergebnisse der Laminatuntersuchungen und besonders auch auf die Kennwerte eingegangen wird, sollen vorab kurz die Ergebnisse der Verarbeitung bzw. das Flechten der Prüfgeflechte dargelegt werden. Diese Ergebnisse gilt es gerade im Bezug auf die Kennwerte zu beachten und zu berücksichtigen.

Für die Herstellung der Prüfgeflechte war es notwendig, wie schon näher beschrieben den großen Flechter (176 Klöppel) zu verwenden und nicht, wie noch in den Vorversuchen den kleineren Flechter mit 64 Klöppeln.

Das Problem dabei ist, das es nicht gelungen ist, die sehr gute Geflechtqualität auch auf dem großen Flechter zu übertragen und dort zu reproduzieren. Folgende Abbildungen zeigen Fehler in einigen Geflechten, zu denen es erst auf dem großen Flechter gekommen ist und die so auch nicht zu erwarten waren.

Abb. 99: teilweise nicht geschlossenes Geflecht in den Prüflaminaten

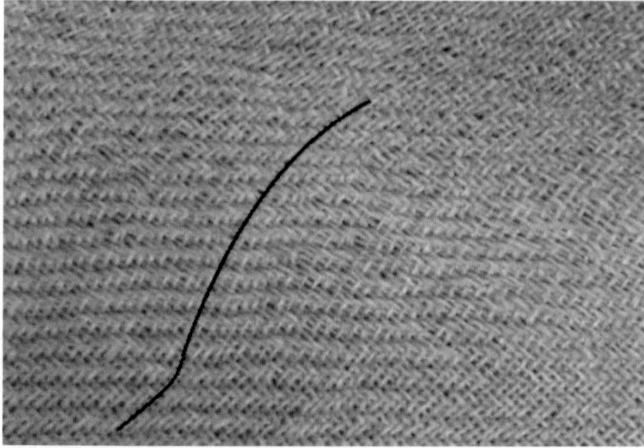

Abb. 100: krummer Faserverlauf (S-Schlag)

Es ist deutlich zu sehen, dass das Geflecht im Gegensatz zu den Vorversuchen teilweise nicht optimal geschlossen ist. Weiterhin findet sich auf einigen Geflechtlagen ein leichter S-Schlag, der gerade im Hinblick auf eine Kennwertermittlung nicht gewünscht sein kann. Dieser krumme Faserverlauf trat bei den Vorversuchen nicht auf und konnte dementsprechend nicht erwartet werden. Auch wenn diese Abbildungen Geflechtlagen zeigen, die sehr stark von diesen Problemen betroffen sind und bei den meisten Geflechtlagen diese Fehler bei weitem nicht so sehr ausgeprägt waren, müssen diese Fehler genauer diskutiert werden. Leider war es aufgrund des straffen Zeitplans nicht mehr möglich, die Flechteinstellungen soweit zu optimieren, dass eine gute Geflechtqualität erzielt wurde, sodass letztendlich die mit Fehlern behafteten Geflechtlagen für die Kennwertermittlung verwendet werden mussten. Gründe für die Fehler sind vor allem in der starken Reibung der Rovinge untereinander zu suchen, denn auf dem großem Flechter mit 176 Klöppeln und Flechtspulen laufen auch 176 Rovings zusammen und bilden ein Geflecht. Daraus resultiert eine große Zahl an Kreuzungspunkten, welche die Reibung der Rovinge untereinander sehr stark erhöht. Ein anderer Aspekt für die nicht optimale Geflechtqualität ist die Tatsache, dass auf dem großen Flechter die Parameter nicht optimal gefunden wurden. Auch hier gilt es nochmals anzumerken, dass bei der Verarbeitung von Flachsfasern ein sehr viel geringerer Spielraum gegeben ist, da Flachsfasern im Gegensatz zu Glas- oder Kohlenstoffrovings in der Ablagebreite und im Durchmesser sehr viel weniger variieren können, bedingt durch den Stützfaden.

Zum Vergleich ist in folgenden Abbildungen nochmals die Geflechtqualität aus den Vorversuchen zu sehen, die eine deutlich höhere Qualität aufweist.

Abb. 101: Geflecht commingled yarns aus den Vorversuchen

Abb. 102: Geflecht aus Flachsfasern Vorversuche

Besonders die Geflechtqualität bei den commingled yarns ist als sehr gut einzustufen, während auch in den Vorversuchen bei den Flachsfasern das Geflecht nicht absolut geschlossen ist. Dennoch ist die Qualität deutlich höher als bei der Prüfgeflechtherstellung auf der großen Maschine.

7.2 Laminatuntersuchungen

Das folgende Kapitel soll die Ergebnisse der Laminatuntersuchung zeigen. Dabei soll auch näher darauf eingegangen werden, wie es sich im Inneren des Verbundes verhält. Da für die Kennwertermittlung Flachslaminate, sowohl mit PTP-L als auch mit RIM 135 aufgebaut werden, sollen diese beiden Materialkombinationen genauer untersucht und auch verglichen werden.

7.2.1 Faservolumengehalt

Um den Faservolumengehalt exakt zu bestimmen, ist es notwendig, die genaue Dichte der Materialien zu kennen. Da für die Flachsfasern von Seiten des Herstellers kein Datenblatt zur Verfügung gestellt werden konnte, wurde die Dichte mittels einer Helium Dichtebestimmung (Gaspyknometer) exakt gemessen und überprüft. Die Dichte der Flachsfaser beträgt demnach 1,499 g/cm³. Dieser Wert wird für die Kennwertermittlungen verwendet werden.

Das folgende Diagramm zeigt den gemittelten Faservolumengehalt der für die Prüfkörper verwendeten Laminatplatten. Auffällig ist der deutlich geringere FVG der Flachslaminate gegenüber den Glasfaserlaminaten. Dies liegt hauptsächlich an dem schon angesprochenen nicht exakt geschlossenen Geflecht, dadurch bleiben relativ viele Zwischenräume zwischen den Rovingen, in denen sich das Harz sammeln kann. Dadurch kommt es zu einem deutlich reduzierten Faservolumengehalt. Mit den Glasfasern kann ein FVG von ca. 60 % erreicht werden, was in etwa das Optimum für das VARI-Verfahren darstellt.

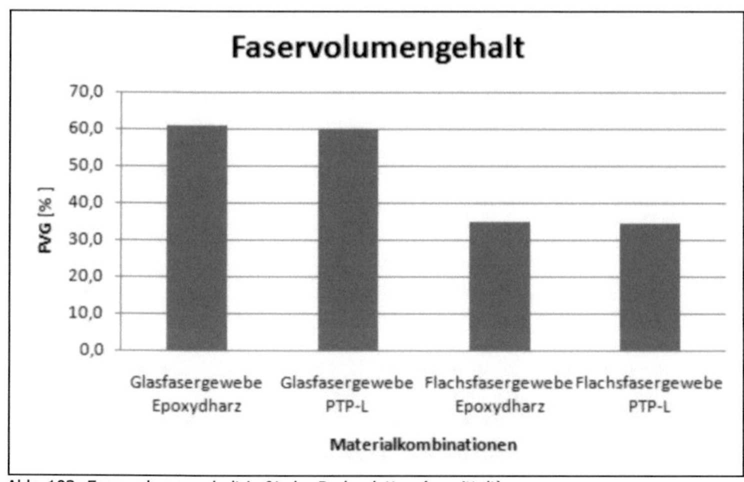

Abb. 103: Faservolumengehalt in % der Probeplatten (gemittelt)

Folgend wird genauerer auf die Porosität eingegangen. Dabei werden ausschließlich die Flachsfasern in Verbindung mit dem Epoxydharz MGS RIM 135 bzw. dem Bioharz PTP-L untersucht. Eine Betrachtung von Glasfaserlaminaten soll an dieser Stelle nicht durchgeführt werden, da primär die Flachsfasern von Interesse sind und untersucht werden soll, wie sich die Flachsfasern mit den unterschiedlichen Harzsystemen verhalten.

Betrachtet man die Schnittfläche einer Laminatprobe mit PTP-L als Matrixmaterial unter dem Stereomikroskop und achtfacher Vergrößerung, so fällt auf, dass nahezu keine Porosität vorhanden ist. Dies ist ein Zeichen für eine sehr gute Laminatqualität, da es durch Lufteinschlüsse, nicht auspolymerisiertes Harz oder sonstige Poren zu keinen Schwachstellen im Verbund kommt.

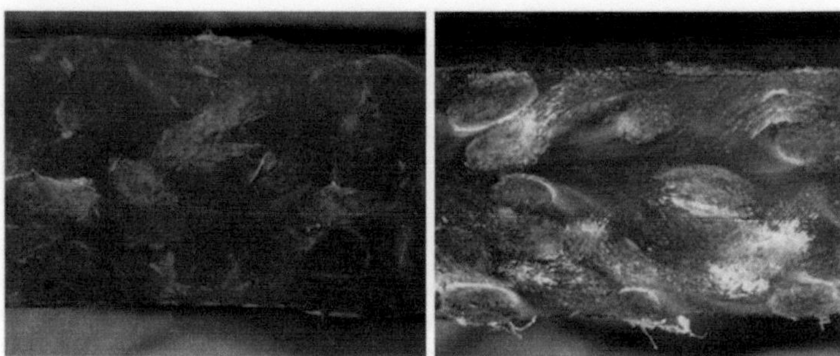

Abb. 104,105: Flachs-Bioharz-Verbund unter dem Lichtmikroskop, 8-fache Vergrößerung

Im Gegensatz dazu sind in einem Laminat mit Epoxydharz RIM 135 vermehrt Poren zu finden, die bei gleicher Vergrößerung unter dem Stereomikroskop deutlich zu sehen sind. In den folgenden Abbildungen sind Schnittbilder einer Laminatprobe zu sehen, infiltriert wurde unter der in den Vorversuchen entwickelten optimierten Variante.
Auch wenn hier Abbildungen mit übermäßig viel Poren ausgewählt wurden, lassen diese Ergebnisse doch durchaus einige Rückschlüsse zu. Ein direkter Vergleich zeigt, dass eine Matrix aus PTP-L über sehr viel weniger Poren und damit auch Schwachstellen verfügt, als eine Matrix aus RIM 135. Weiterhin zeigt sich, dass trotz der Optimierung in den Vorversuchen mit RIM 135 nicht dieselbe Qualität erreicht wird wie mit PTP-L. Das Bioharz ist daraus resultierend im Bezug auf die Flachsfasern besser geeignet.

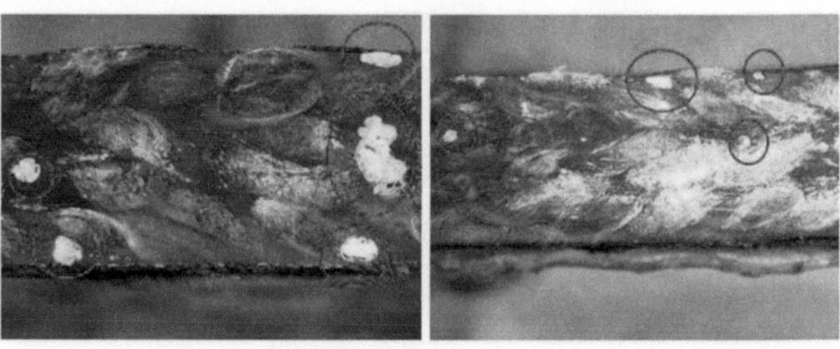

Abb. 106,107: Flachs-Epoxydharz-Verbund unter dem Lichtmikroskop, 8-fache Vergrößerung

7.2.3   Faser-Matrix-Bindung

In dem folgenden Kapitel wird genauer auf die Faser-Matrix-Bindung eingegangen, die auch ein wichtiges Kriterium zur Beurteilung der Laminatqualität bzw. der Verbundeigenschaften darstellt. Folgende Abbildungen zeigen Aufnahmen einer untersuchten Bruchprobe (Zugversuch), dabei handelt sich es um einen Flachs-PTP-L-Verbund.

Abb. 108-111: verschiedene Ansichten einer Bruchprobe unter dem REM (Flachs-Bioharz-Verbund)

Es ist deutlich zu sehen, dass die Fasern auch nach dem Bruchversagen mit Harzanhaftungen überzogen sind. Gerade in Abbildung 112 ist dies deutlich zu sehen. Im Vergleich dazu ist in Abbildung 109 eine unbenetzte Faser zu finden, hier kann man sehr gut die Struktur der Flachsfaser erkennen. Im Gegensatz zu einer Bruchprobe aus Glas- oder Kohlenstofffasern erscheint der Verbund relativ ungeordnet, was mit Sicherheit auch an der Beschaffenheit der Faser liegt und deutlich zeigt, dass es sich um ein Naturprodukt handelt. Insgesamt ist von einer guten Faser-Matrix-Haftung auszugehen, da die deutlichen Anhaftungen der Matrix an der Faser generell ein Zeichen für eine gute Faser-Matrix-Bindung sind. Weiterhin sind keine Anzeichen dafür zu finden, dass Fasern bei dem Zugversuch aus der Matrix heraus gezogen wurden, was ein deutliches Zeichen für eine schlechte Faser-Matrix-Bindung wäre.

Abb. 112: Anzeichen für gute Faser-Matrix-Haftung bei dem Flachs-Bioharz-Verbund

Die folgenden Abbildungen zeigen die Flachsfasern in Verbindung mit Epoxydharz RIM 135. Hier zeigt sich ein etwas anderes Bild und es sind durchaus deutliche Unterschiede zwischen den beiden Matrixmaterialien zu erkennen, was im Endeffekt auch Rückschlüsse auf die Qualität der Verbunde zulässt.

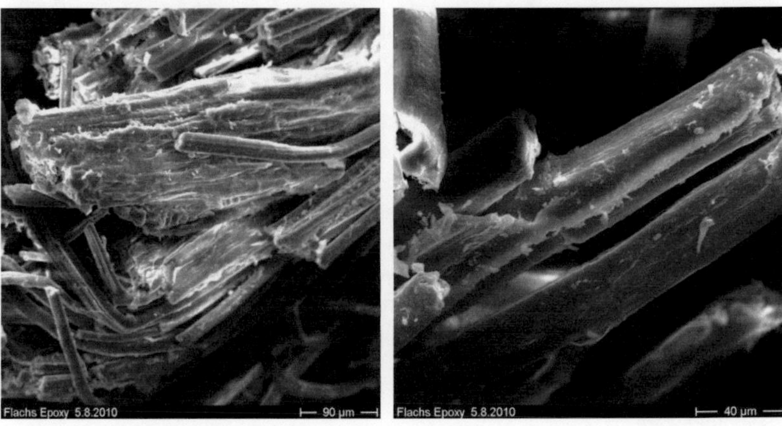

Abb. 113-116: Ansichten einer Bruchprobe unter dem REM (Flachs-Epoxydharz-Verbund)

Es sind sehr gut die in Matrix eingebetteten Fasern zu sehen, was auf eine gute Faser-Matrix-Haftung schließen lässt. Jedoch finden sich hier mehr unbenetzte Fasern als bei dem Flachs/PTP-L-Verbund. Auffallend ist auch die teilweise regellose Struktur der Fasern, die auch schon bei dem PTP-L-Verbund deutlich sichtbar war. Besonders in Abbildung 116 ist deutlich zu sehen, dass die Elementarfasern teilweise sehr regellos verlaufen. Eine kontinuierliche und im Durchmesser gleichmäßige Qualität wie bei Glasfasern ist nicht erkennbar und muss bei der Verwendung eines solchen Naturprodukts in Kauf genommen werden. Dennoch sind bei RIM 135 vermehrt Bereiche zu finden, in denen Fasern zu sehen sind, die über keine Matrixanhaftungen verfügen und scheinbar bei dem Zugversuch aus der Matrix herausgezogen wurden (Abbildung 114, 117).

Ein Vergleich der beiden Materialien zeigt, dass sowohl bei einem Flachs-PTP-L-Verbund als auch einem Flachs-RIM 135-Verbund eine ausreichende Faser-Matrix-Haftung gegeben ist. Anzeichen von oder für eine schlechte Haftung von Faser und Matrix sind nur bei einem RIM135-Matrix an einigen Stellen zu finden, was auch hier zu dem Ergebnis führt, dass das Harzsystem PTP-L etwas besser für die Flachsfasern geeignet ist. Die folgende Abbildung zeigt nochmals stark vergrößert einige Bereiche in dem Flachs-RIM 135-Laminat, in denen aus der Matrix gezogene Fasern zu sehen sind.

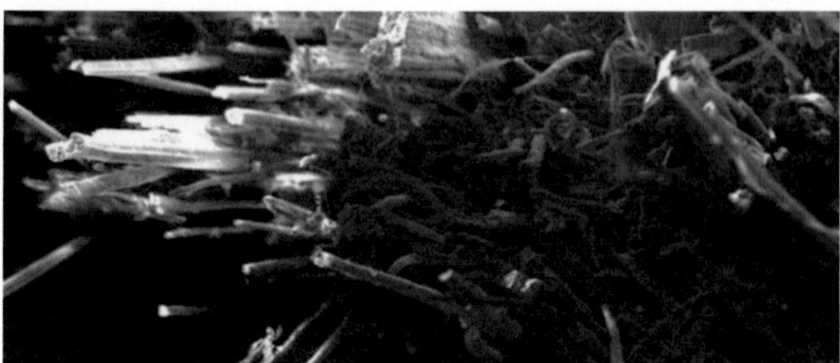

Abb. 117: aus der Matrix gezogene Flachsfaser

Abbildung 118 zeigt vergrößert sehr deutlich die Anhaftungen von Harz an den Flachsfasern. Hier ist ein Faserbündel von mehreren Fasern zu sehen, die in Epoxydharz eingebettet sind, ein deutliches Zeichen für eine gute Faser-Matrix-Bindung.

Abb. 118: Anzeichen für gute Faser-Matrix-Haftung bei dem Flachs-Epoxydharz-Verbund

7.3   experimentell ermittelte Kennwerte

Das folgende Kapitel geht genauer auf die mit der Prüfmaschine ermittelten Kennwerte ein, die mit den in den Normen angegebenen Formeln berechnet wurden. Auf die Verwendung von Fehlerindikatoren, die ein Maß für die Streuung in einer Materialkombination geben, wird verzichtet, da die experimentell bestimmte Streuung durch die Prozessführung deutlich geringer ist als der Einfluss durch Faser und Matrix. Weiterhin zeigen die in den Balkendiagrammen angegebenen Prozentzahlen die Abweichungen im Vergleich zu dem Biocomposite, also den Flachsfasern in Verbindung mit PTP-L.

7.3.1   experimentelle Kennwerte der Zugprüfung

Die Werte der experimentell bestimmten Zugfestigkeit und E-Moduli der Flachslaminate reichen bei weitem nicht an die der Glaslaminate heran. Besonders auffallend ist die sehr viel höhere Zugfestigkeit des Glasfasergeflechts mit PTP-L im Vergleich zu dem Glasfasergeflecht mit RIM 135. Dies lässt sich auf die höhere Sprödigkeit des Epoxydharz im Vergleich zu dem Bioharz zurückzuführen, das höhere Dehnungen zulässt. Dadurch können mit dieser Materialkombination höhere Werte hinsichtlich der Zugfestigkeit erzielt werden. Vergleicht man die erzielten Zugfestigkeiten mit Literaturwerten, so befindet man sich durchaus in der richtigen Größenordnung. Laut Literatur liegt die Zugfestigkeit von Glasfasern den Faktor 2 bis 7 über der Festigkeit der Flachsfasern. Mit einem Faktor von 3 bis 5 liegen die experimentell ermittelten Werte in diesem Bereich. Weiterhin fällt auf, dass der Flachs-PTP-L-Verbund im Vergleich zum Flachs-RIM 135-Verbund die besseren Kennwerte erzielt. Dies zeigt, dass PTP-L für die Flachsfasern besser geeignet ist, als ein konventionelles Epoxydharz.

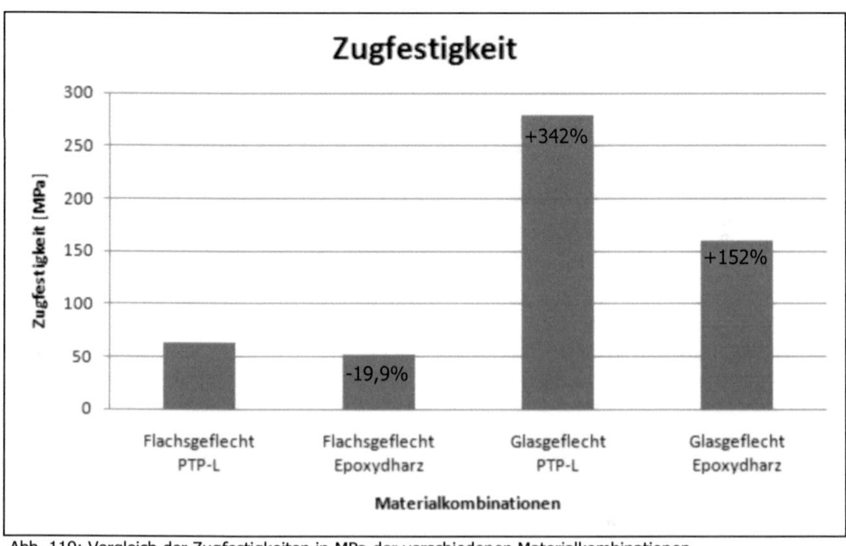

Abb. 119: Vergleich der Zugfestigkeiten in MPa der verschiedenen Materialkombinationen

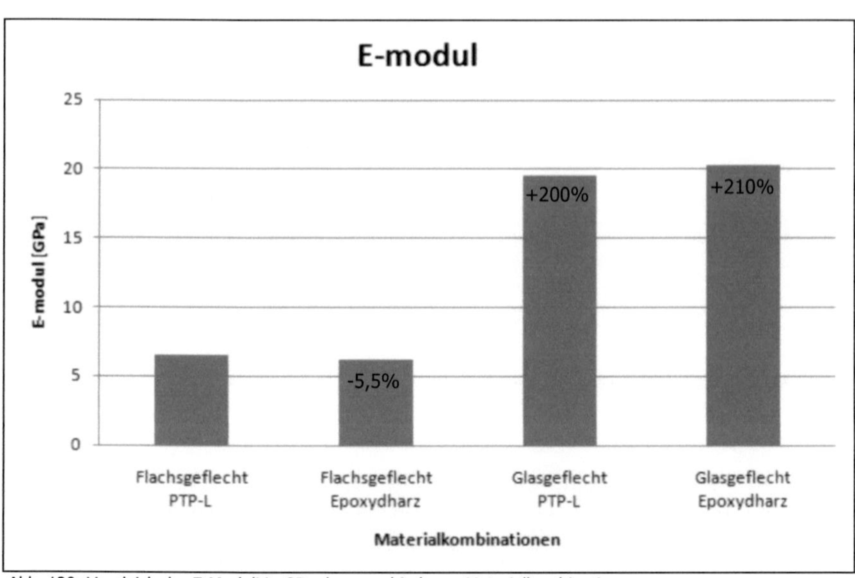

Abb. 120: Vergleich der E-Moduli in GPa der verschiedenen Materialkombinationen

Auch die Zugmoduli von Glas liegen deutlich über denen von Flachs und sind in etwa 3-mal so hoch, wie die von Flachs. Diese Ergebnisse lassen sich von Literaturwerten stützen, wobei hier etwa von einem Faktor 2 bis 3 zwischen Flachs und Glas die Rede ist. Die E-Moduli der Glasgeflechte in Verbindung mit den jeweiligen Harzsystemen, als auch der Flachsgeflechte mit den beiden Epoxydharzsystemen liegen jeweils ungefähr gleich auf, da der E-Modul ein Wert ist, der nicht übermäßig durch die Matrix beeinflusst wird, da die Dehnung aus diesen Werten heraus gerechnet wird. Auch hier ist wieder gut erkennbar, dass das Bioharz PTP-L besser geeignet für Flachsfasern ist und im Gegensatz zu RIM 135 die besseren Kennwerte erzielt. Auffallend ist weiterhin die Tatsache, dass das PTP-L mit Glasfasern im Bezug auf den E-Modul nahezu gleichwertig ist wie ein Glas-RIM 135-Verbund.

7.3.2   experimentelle Kennwerte der Drückprüfung

Auch beim Betrachten der Ergebnisse der Druckprüfung wird deutlich, dass die Kennwerte, die mit Flachsfasern zu erzielen sind, nicht an die Kennwerte der Glasfasern heranreichen. Die folgenden Abbildungen zeigen die Druckfestigkeiten und E-Moduli der unterschiedlichen Materialkombinationen. Bei der Druckfestigkeit liegen die Werte der Glasfaserlaminate in etwa doppelt so hoch wie die der Flachsfaserlaminate, bei dem E-Modul bewegt man sich in etwa in der Größenordnung Faktor 4. Zwar muss immer die etwas schlechtere Geflechtqualität der Flachsfasern berücksichtigt werden, welche auch einen großen Einfluss auf die Kennwerte hat, dennoch ist der Unterschied zwischen Glas und Flachs hier sehr deutlich. Auch hier zeigt sich bei der Druckfestigkeit, dass die PTP-L-Matrix eine größere Dehnung zulässt und dadurch der spröderen Matrix aus RIM 135 leicht überlegen ist. Auch hier setzt sich sowohl bei der Druckfestigkeit als auch beim Druckmodul der Trend fort und ein Verbund aus Flachsfasern und PTP-L ergibt die höheren Kennwerte als mit dem konventionellen Epoxydharz.

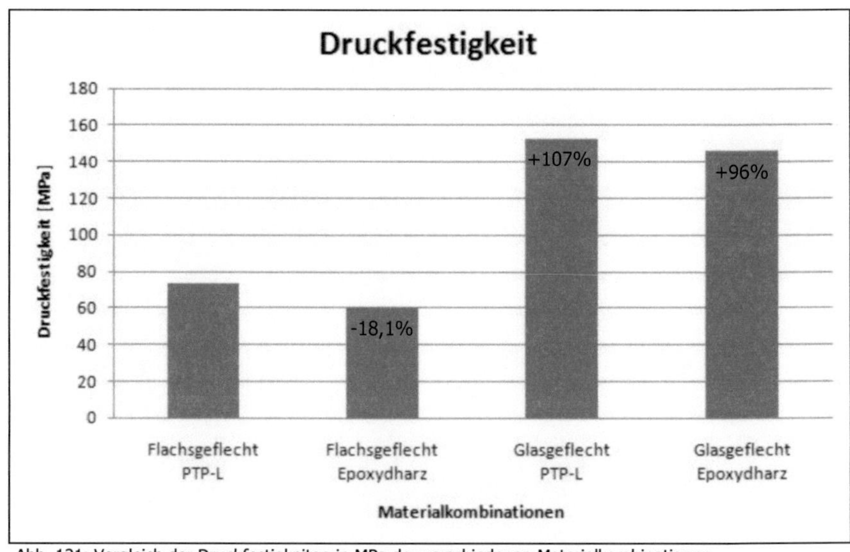

Abb. 121: Vergleich der Druckfestigkeiten in MPa der verschiedenen Materialkombinationen

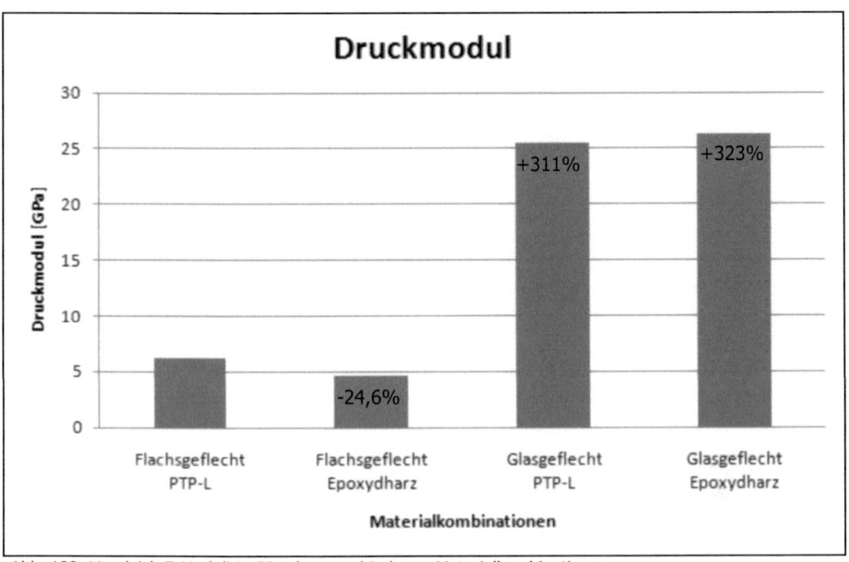

Abb. 122: Vergleich E-Moduli in GPa der verschiedenen Materialkombinationen

7.3.3   experimentelle Kennwerte der ILS-Prüfung

Das Ergebnis der Tests zur Ermittlung der interlaminaren Scherfestigkeit ist in folgender Abbildung zu sehen. Der Abstand zwischen Flachs und Glas ist hier nicht mehr so deutlich, wie bei den Festigkeiten und E-Moduli, die durch Zug- und Druckprüfung ermittelt wurden. Die Werte liegen relativ ungleichmäßig und sind genauer zu diskutieren. Besonders die Tatsache, dass bei Flachs das Epoxydharz RIM 135 besser abschneidet als PTP-L und bei Glas PTP-L besser abschneidet erscheint sonderbar.

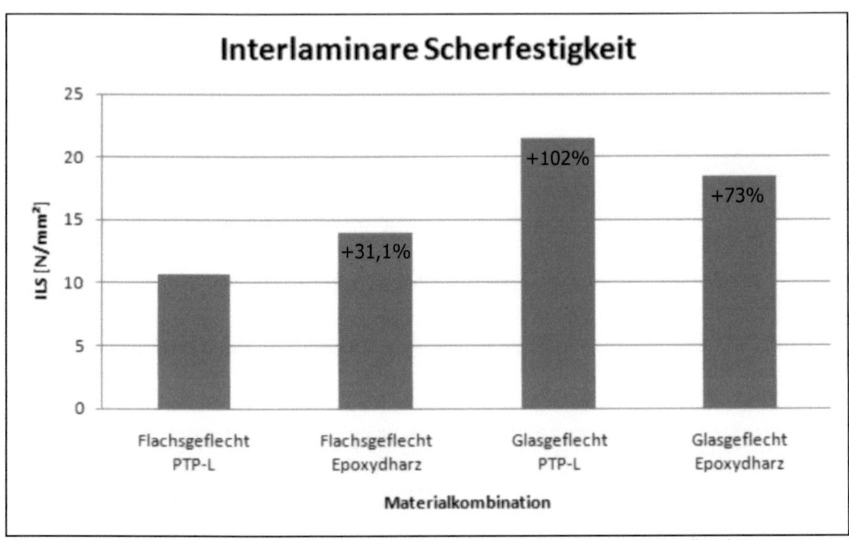

Abb. 123: Vergleich der interlaminaren Scherfestigkeit in MPa der verschiedenen Materialkombinationen

7.3.4   experimentelle Kennwerte der IPSS-Prüfung

Das IPSS-Prüfverfahren liefert Ergebnisse hinsichtlich der Schubfestigkeit und des Schubmoduls. Insgesamt setzt sich auch hier der Trend, wenn auch in abgeschwächter Form fort. Die Schubfestigkeit von Glas ist ca. 1,5- bis 2-mal höher als die von Flachs. Auffällig ist die Tatsache, dass sowohl bei Flachs als auch Glas das PTP-L hinsichtlich der Schubfestigkeit die besseren Ergebnisse liefert und dem Epoxydharz RIM 135 teilweise deutlich überlegen ist.

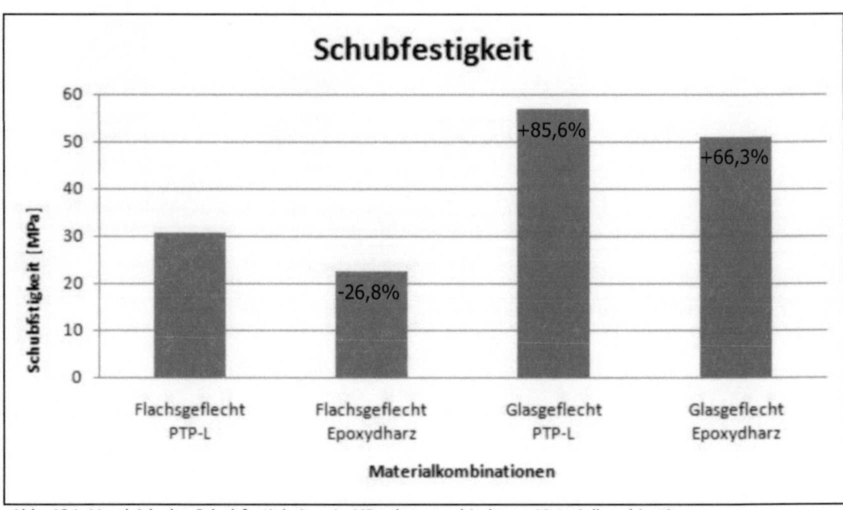

Abb. 124: Vergleich der Schubfestigkeiten in MPa der verschiedenen Materialkombinationen

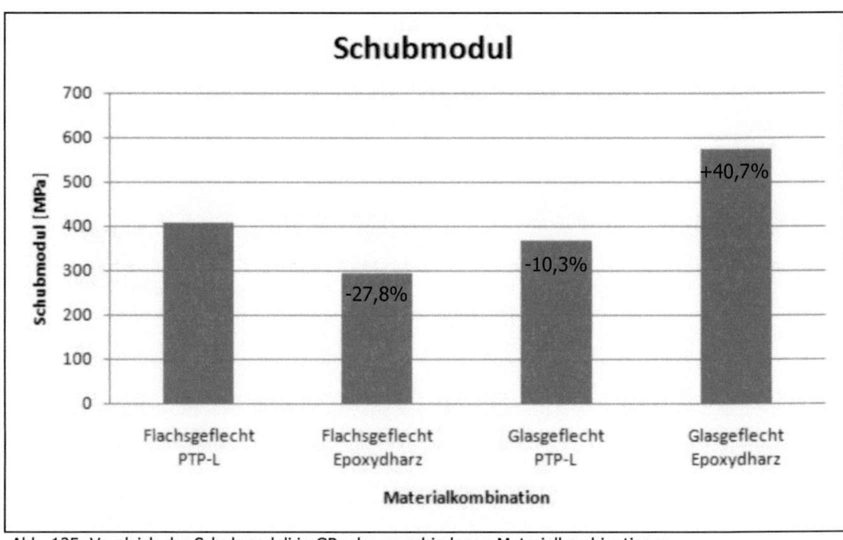

Abb. 125: Vergleich der Schubmoduli in GPa der verschiedenen Materialkombinationen

Auch die Kennwerte der Schubmoduli liegen insgesamt nicht mehr so weit auseinander. Flachs in Verbindung mit PTP-L ist einem Glas-PTP-L-Verbund als auch dem Flachs-RIM 135-Verbund überlegen und zeigt durchaus ein gewisses Potential von Biocomposites.

7.3.5   experimentelle Kennwerte der CAI-Prüfung

Die Ergebnisse der CAI-Prüfung ergeben Druckfestigkeiten, sowie Restfestigkeiten, wobei neben den Materialkombinationen auch die Schädigungen der Proben mit einbezogen werden müssen.

In den folgenden Diagrammen wird, damit eine bessere Übersichtlichkeit gegeben werden kann, für jedes Material die Druckfestigkeit und Restfestigkeit in einem eigenen Diagramm dargestellt. Diese Kennwerte werden anschließend in einem separaten Diagramm nochmals zusammenfassend gezeigt, damit ein besserer Vergleich gegeben ist. Es ist deutlich zu sehen, wie die Druckfestigkeit hin zu einer höheren Schädigung abnimmt.
Weiterhin fällt auf, dass die Kennwerte bei den Glasfaserlaminaten stärker abfallen, als die der Flachsfaserlaminate bei gleicher Schädigung. Die Restfestigkeit ist somit bei Flachs höher. Auch die Matrix hat einen Einfluss auf die Druckfestigkeiten und Restfestigkeiten. Das PTP-L erzielt die besseren Kennwerte als RIM 135 und erzielt im Vergleich die höheren Restfestigkeiten. Auch baut eine Matrix aus RIM 135 stärker ab als eine Matrix aus PTP-L.

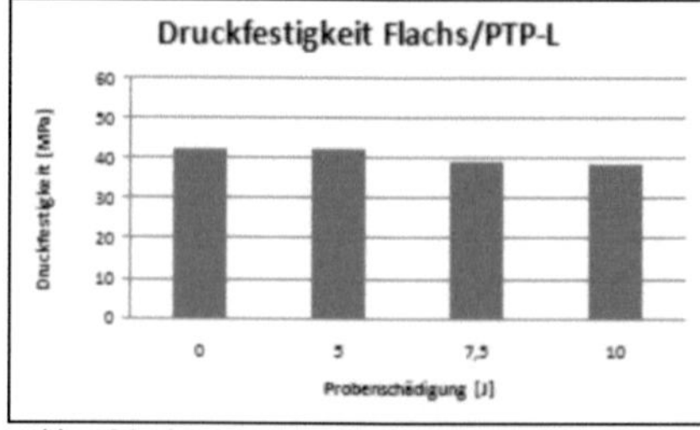
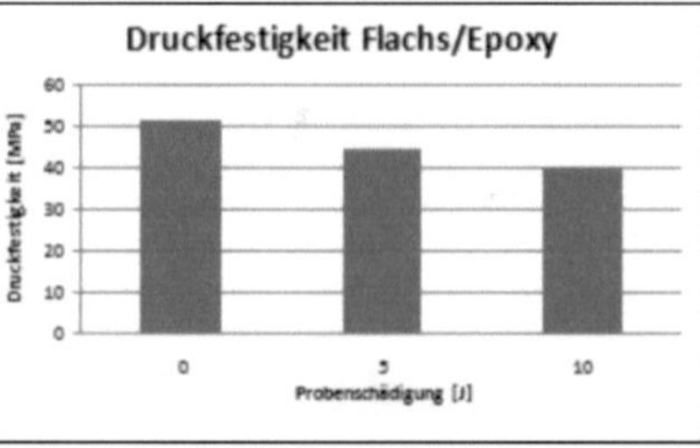

Abb. 126,127: Druckfestigkeit Flachs/PTP-L und Druckfestigkeit Flachs/Epoxydharz in MPa

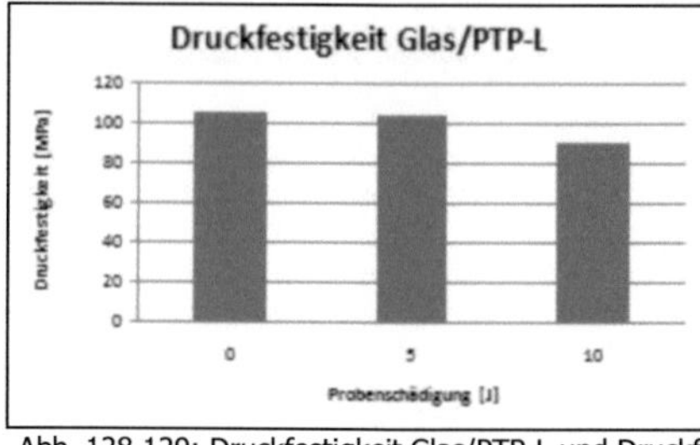
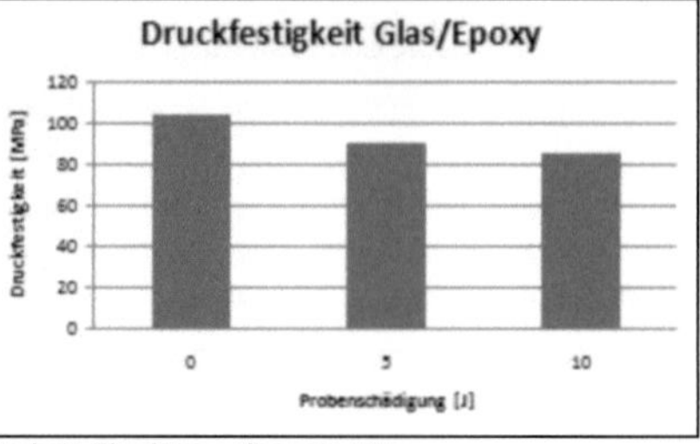

Abb. 128,129: Druckfestigkeit Glas/PTP-L und Druckfestigkeit Glas/Epoxydharz in MPa

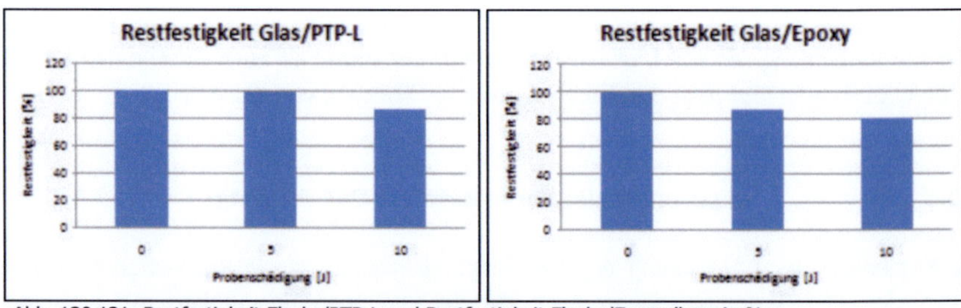

Abb. 130,131: Restfestigkeit Flachs/PTP-L und Restfestigkeit Flachs/Epoxydharz in %

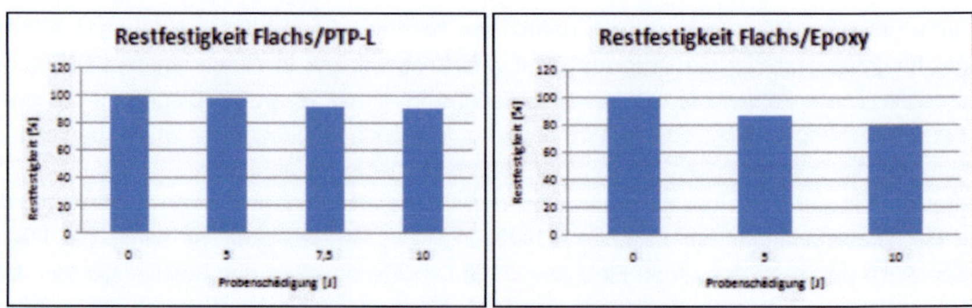

Abb. 132,133: Restfestigkeit Glas/PTP-L und Restfestigkeit Glas/Epoxydharz in %

Zusammenfassend sind die Druckfestigkeiten und Restfestigkeiten nochmals kompakt in den folgenden Diagrammen dargestellt.

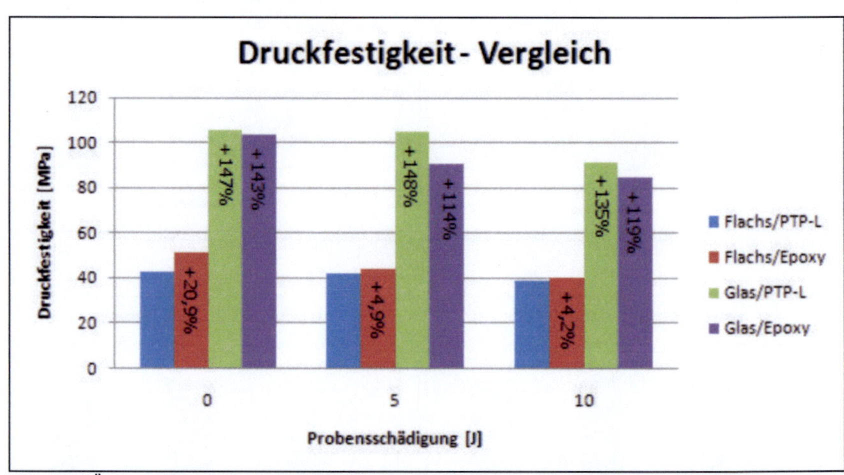

Abb. 134: Übersicht: Vergleich der Druckfestigkeiten in MPa der verschiedenen Materialkombinationen

Hier ist nochmals deutlich zu sehen, dass die Glasfaser der Flachsfaser deutlich überlegen ist und in etwa doppelt so hohe Kennwerte erzielt. Beim Betrachten der Druckfestigkeiten ist zu sehen, dass die Kennwerte bei RIM 135 hin zu stärkerer Schädigung stärker abbauen. Dies zeigt durchaus, dass eine Matrix aus PTP-L im Bezug auf einen möglichen Schadensfall besser geeignet ist. Auch die Restfestigkeiten liegen bei einer Matrix mit PTP-L höher.

Folgende Abbildung zeigt die Restfestigkeiten, die auf die Druckfestigkeiten der ungeschädigten Proben bezogen werden.

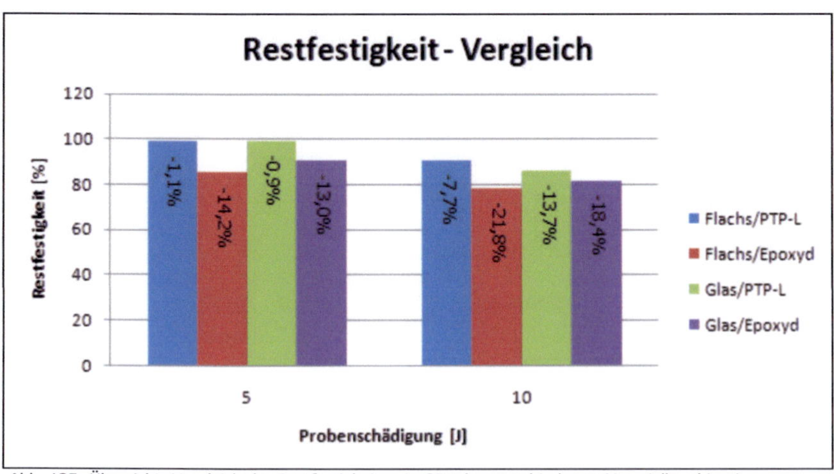

Abb. 135: Übersicht: Vergleich der Restfestigkeiten in GPa der verschiedenen Materialkombinationen

7.4 normierte Testergebnisse

Das große Problem der erzielten Kennwerte sind die unterschiedlichen Faservolumengehalte von den Flachsfaserlaminaten (ca. 35 %) und den Glasfaserlaminaten mit ca. 60 %. Ein direkter Vergleich der Laminate ist daher nur sehr schwer möglich. Allerdings können die erzielten Testergebnisse genormt werden, d.h. die bestimmten mechanischen Eigenschaften der Flachsfaserlaminate und Glasfaserlaminate können theoretisch so umgerechnet werden, das bei einem angenommenen gleichen FVG die Kennwerte direkt miteinander verglichen werden können.

Das folgende Kapitel beschäftigt sich genauer mit den theoretischen Kennwerten und soll zeigen, was ein Flachsfaserlaminat bei gleichem Faservolumengehalt im Vergleich zum Glasfaserlaminat zu leisten vermag. Die Kennwerte der Versuche werden daher auf 60 % normiert. Es werden jedoch nur die Proben normiert, deren größter Teil der Fasern in Prüfrichtung orientiert ist. ILS- und IPSS-Kennwerte können daher nicht normiert werden. Im folgenden Kapitel wird daher nur näher auf die normierten Zug-, Druck- und CAI-Kennwerte eingegangen werden.
Grundlage bildet die Norm DIN EN ISO 527 Teil 1 – 5:2003.
Für die Berechnung der Festigkeiten und der E-Moduli werden folgende Formeln verwendet:

$$\sigma_n = \frac{\sigma_g}{FVG} * 60\%$$

$$E_n = \frac{E_g}{FVG} * 60\%$$

Die normierten Werte rücken das Flachsfaserlaminat in ein deutlich besseres Licht, auch wenn die Werte der Glasfaserlaminate nicht erreicht werden. Die Glasfaser ist bezogen auf den E-Modul noch um den Faktor 2 höher. Die Ergebnisse werden im Kapitel 8 genauer diskutiert.

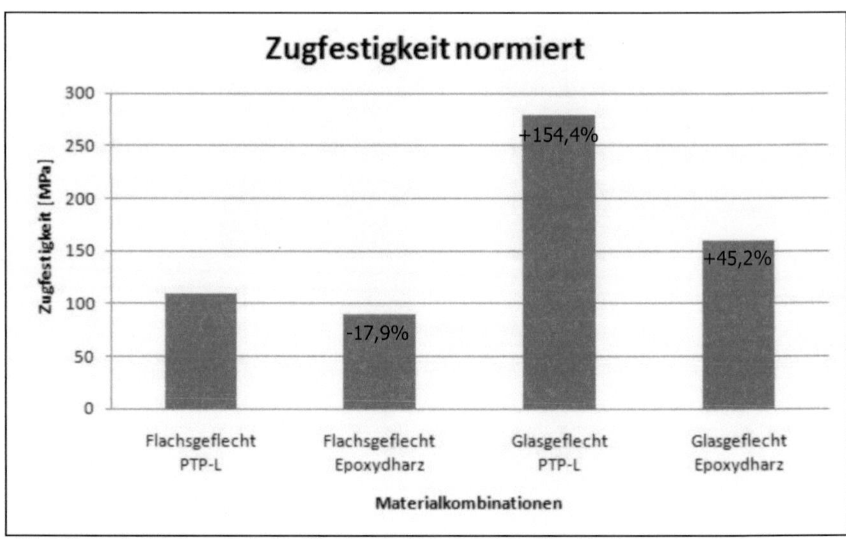

Abb. 136: Zugfestigkeiten normiert in MPa der verschiedenen Materialkombinationen

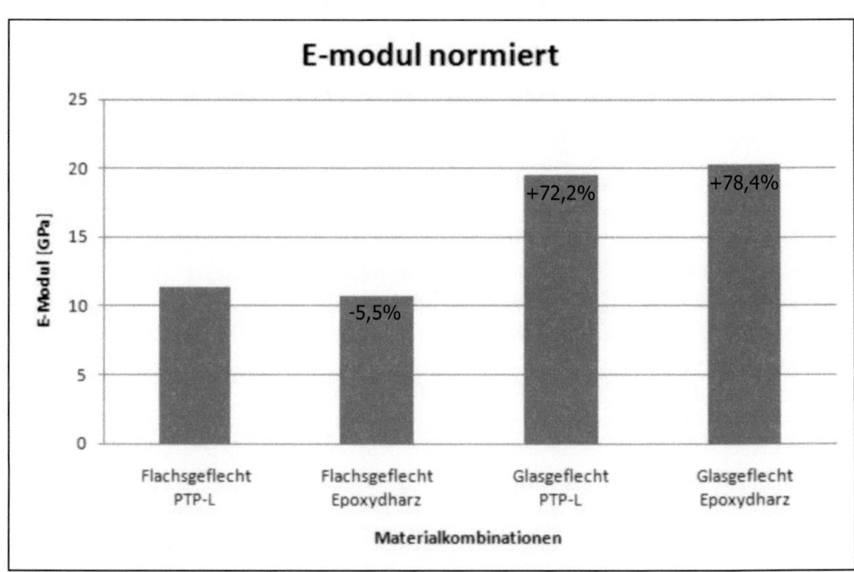

Abb. 137: E-Moduli normiert in GPa der verschiedenen Materialkombinationen

 normierte Ergebnisse der Druckprüfung

Auch hier zeigt sich, dass sich die Kennwerte vom Flachs denen von Glas annähern. Vor allem bei der Druckfestigkeit liegen die Werte etwa in gleicher Höhe, so dass man hier von gleichwertigen Materialien sprechen kann. Der Druckmodul der Glasverbunde liegt zwar weiterhin deutlich von Glas (Faktor 2,5), der Abstand hat sich aber im Vergleich zu den experimentell bestimmten Werten nahezu halbiert.

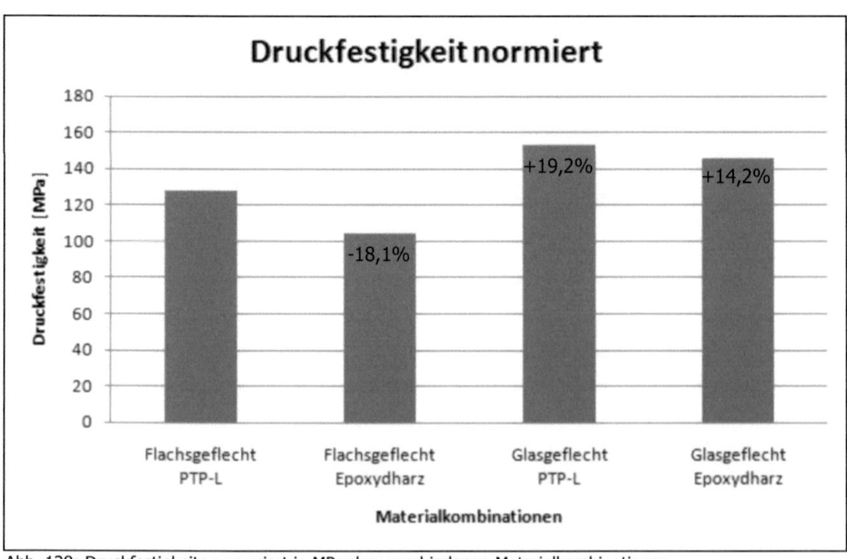

Abb. 138: Druckfestigkeiten normiert in MPa der verschiedenen Materialkombinationen

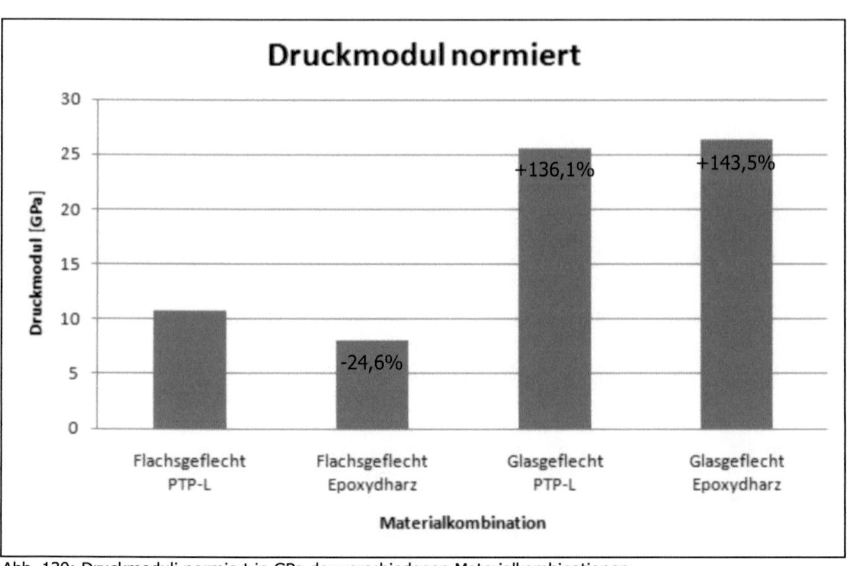

Abb. 139: Druckmoduli normiert in GPa der verschiedenen Materialkombinationen

7.4.3   normierte Ergebnisse der CAI-Prüfung

Die folgende Grafik zeigt die normierte Druckfestigkeit aus dem CAI-Prüfverfahren. Auf eine Darstellung der Restfestigkeit wird verzichtet, da diese im Verhältnis gleich bleibt. Auch hier zeigt sich eine deutliche Annäherung der beiden Materialgruppen. Zwar liegen die Flachsverbunde weiterhin hinter den Glasverbunden, dennoch kann der Abstand bei gleichem Faservolumengehalt deutlich reduziert werden.

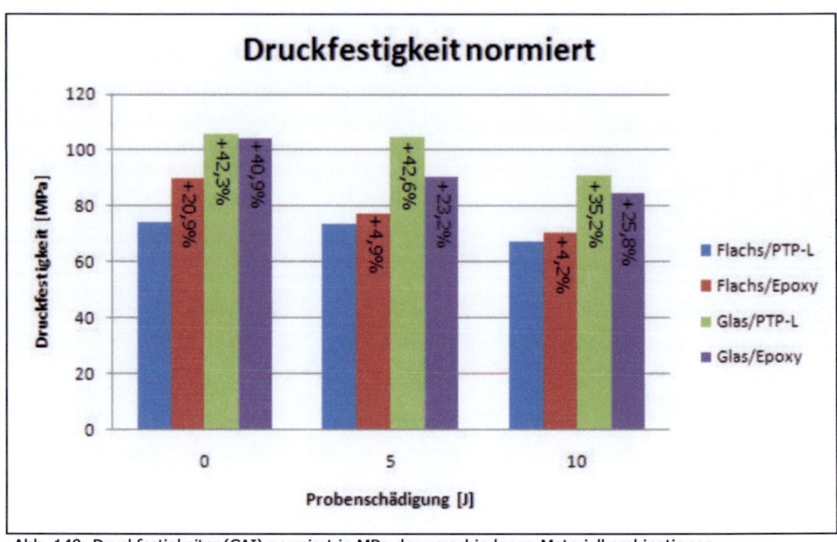

Abb. 140: Druckfestigkeiten(CAI) normiert in MPa der verschiedenen Materialkombinationen

7.5   spezifische Kennwerte (gewichtsbezogen)

Gerade in der Automobilindustrie spielt das Gewicht eine sehr große Rolle. Deshalb ist es unerlässlich die Kennwerte auch in Abhängigkeit des Gewichtes darzustellen. Schließlich ist aus Glasfasern aufgebautes Laminat sehr viel schwerer als ein analog aufgebautes Flachsfaserlaminat, denn die Dichte von Glas liegt mit 2,6 g/cm³ deutlich höher als die von Flachs (1,5 g/cm³). Deshalb sollen die normierten Ergebnisse im folgenden Kapitel auf die Dichte umgerechnet werden. Hier soll die Frage beantwortet werden, was Flachsfasern leisten können, wenn sie dem Gewicht der Glasfasern angepasst werden. Grundlage bilden die vorab ermittelten normierten Kennwerte bei einem Faservolumenanteil von 60 %. Diese Kennwerte werden durch die theoretische Dichte der Verbunde bei einem FVG von 60 % geteilt, daraus ergeben sich gewichtsbezogene Kennwerte. Die folgende Tabelle zeigt die Dichten der Verbunde bei einem Faservolumengehalt von 60 %. Auch wenn ein Faservolumengehalt von 60 % bei Flachs nur schwer zu erreichen ist, sollen die spezifischen und damit gewichtsbezogenen Kennwerte so dargestellt werden, dass ein FVG von 60% die Grundlage ist.

Faser	Matrix	Dichte Faser [g/cm³]	Dichte Matrix [g/cm³]	Dichte (60 Vol.% FVG) [g/cm³]
Flachs	PTP-L	1,5	1,08	1,332
Flachs	RIM 135	1,5	1,15	1,360
Glas	PTP-L	2,6	1,08	1,992
Glas	RIM 135	2,6	1,15	2,020

Tab. 14: theoretisch ermittelte Dichte der Laminate bei 60 Vol. % FVG

7.5.1   spezifische Kennwerte der Zugprüfung

Die folgenden Abbildungen zeigen die spezifischen Kennwerte der Zugprüfung bei gleichem Gewicht. Bedingt durch die deutlich höhere Dichte eines Laminats mit Glasfasern (Dichte Glasfaser: 2,6 g/cm³) kommt es bei gleichem Gewicht zu einer weiteren Annäherung zwischen Glas und Flachs. Es zeigt sich, dass das Bioharz auch weiterhin für die Flachsfasern besser geeignet ist und die besseren Kennwerte sowohl bei der Zugfestigkeit als auch bei dem E–Modul erzielt.

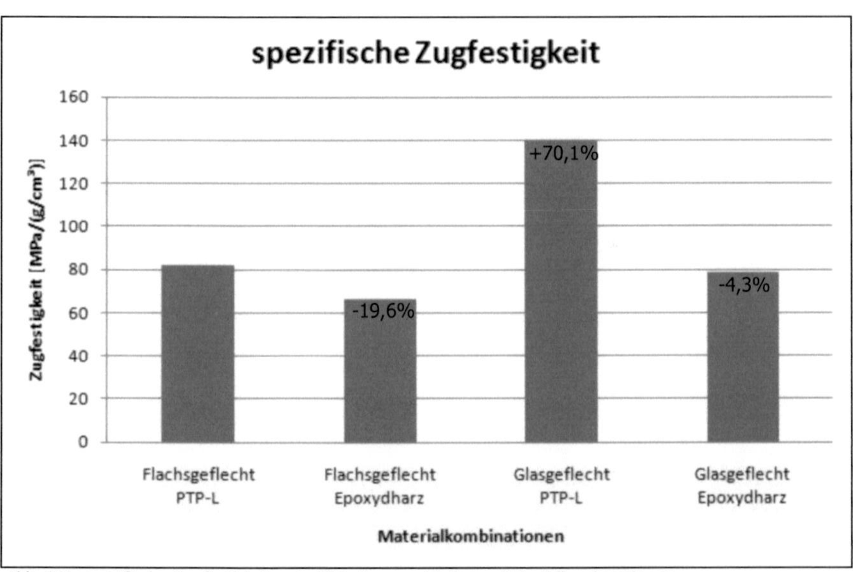

Abb. 141: spezifische Zugfestigkeiten in MPA der verschiedenen Materialkombinationen

Auch beim Zugmodul wird deutlich, wie gleichwertig die beiden Materialien sind. Die Moduli unterscheiden sich kaum noch und liegen in derselben Größenordnung. Besonders interessant ist die Tatsache, dass eine Materialkombination aus Flachs und PTP-L (Biocomposite) im Gegensatz zu einem konventionellen Verbund (Glas und Epoxydharz RIM 135) die höheren Kennwerte bzgl. des E-Moduls erzielt. Bei gleichem Gewicht liegt daher der E-Modul des Biocomposites höher, was deutlich zeigt, dass die Materialien durchaus gleichwertig sind.

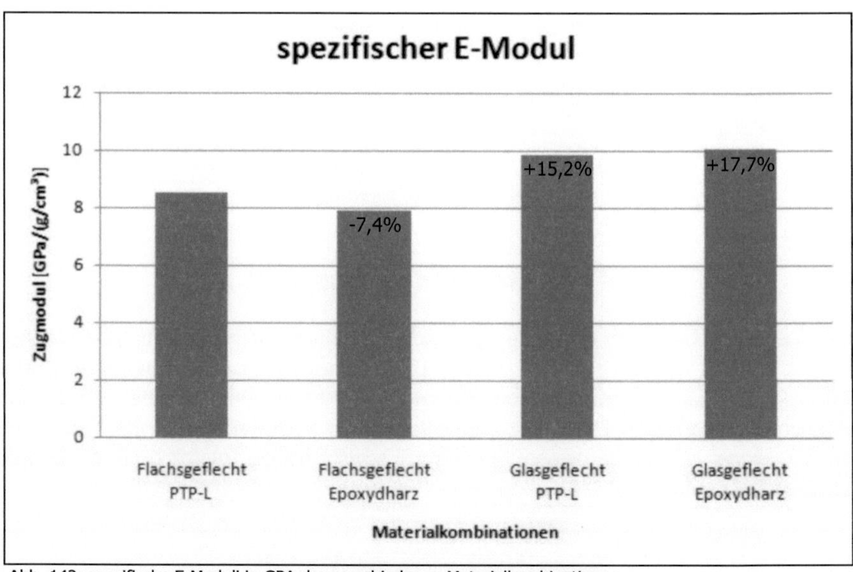

Abb. 142: spezifische E-Moduli in GPA der verschiedenen Materialkombinationen

7.5.2 spezifische Kennwerte der Druckprüfung

Bei der spezifischen Druckfestigkeit liegen die Kennwerte der Flachsfaser erstmals über den Kennwerten der Glasfaser. Diese Tatsache zeigt, dass ein Flachsfaserlaminat einem Glasfaserlaminat bei gleichem Gewicht leicht überlegen ist.

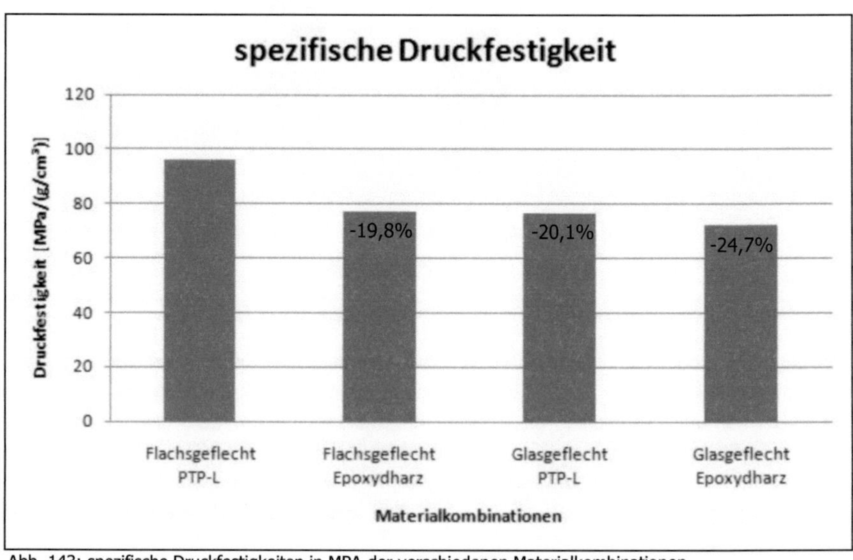

Abb. 143: spezifische Druckfestigkeiten in MPA der verschiedenen Materialkombinationen

Beim Druckmodul differieren die Werte von Glas und Flachs weiterhin, wie folgende Abbildung zeigt. Dennoch ist es im Vergleich zu den normierten Kennwerten zu einer weiteren deutlichen Annäherung von Flachs und Glas gekommen. Auch hier zeigt sich sehr deutlich, dass das Harzsystem PTP-L sehr viel besser für Flachs geeignet ist als RIM 135.

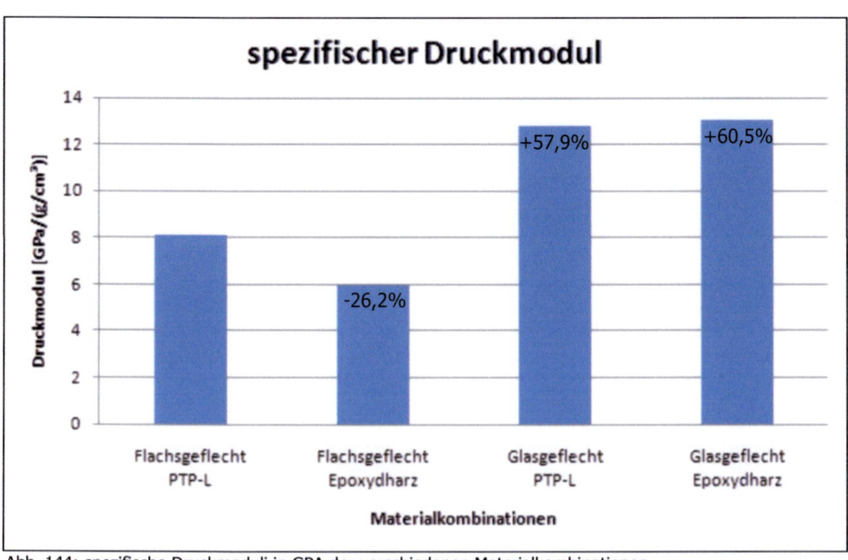

Abb. 144: spezifische Druckmoduli in GPA der verschiedenen Materialkombinationen

7.5.3   spezifische Kennwerte der CAI-Prüfung

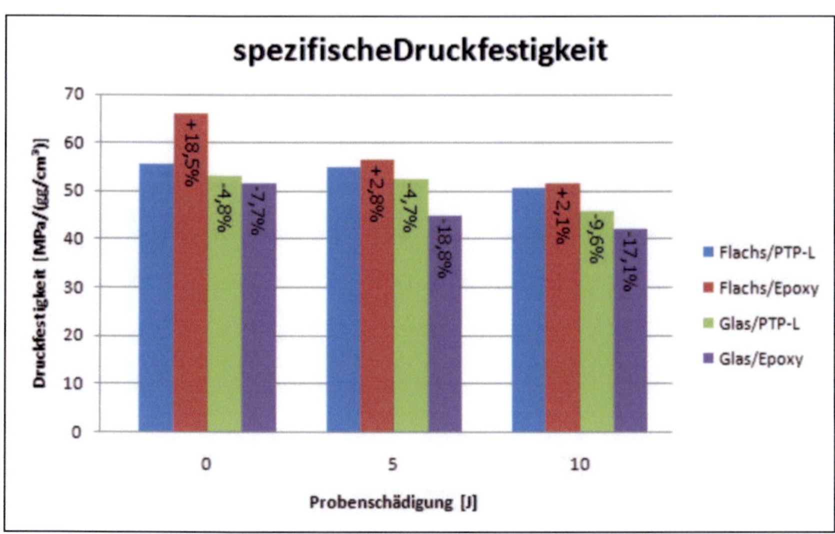

Abb. 145: spezifische Druckfestigkeiten (CAI) in MPA der verschiedenen Materialkombinationen

Bei den spezifischen Kennwerten der CAI-Prüfung sind die Flachsfaserlaminate den Glasfaserlaminaten überlegen. Es zeigt sich, dass bezogen auf ein gleiches Gewicht auch hier Flachs zu besseren Kennwerten führt. Gerade die CAI-Prüfung führt zu Werten, die für die Automobilindustrie von großem Interesse sind, werden hier schließlich Werte von geschädigten Materialien untersucht und Restfestigkeiten ermittelt. Es zeigt sich, dass selbst in einem Schadensfall, bei dem ein Aufprall zu Schädigungen führt, Flachs dem Glas überlegen ist.

7.5.4   spezifische Kennwerte der IPSS-Prüfung

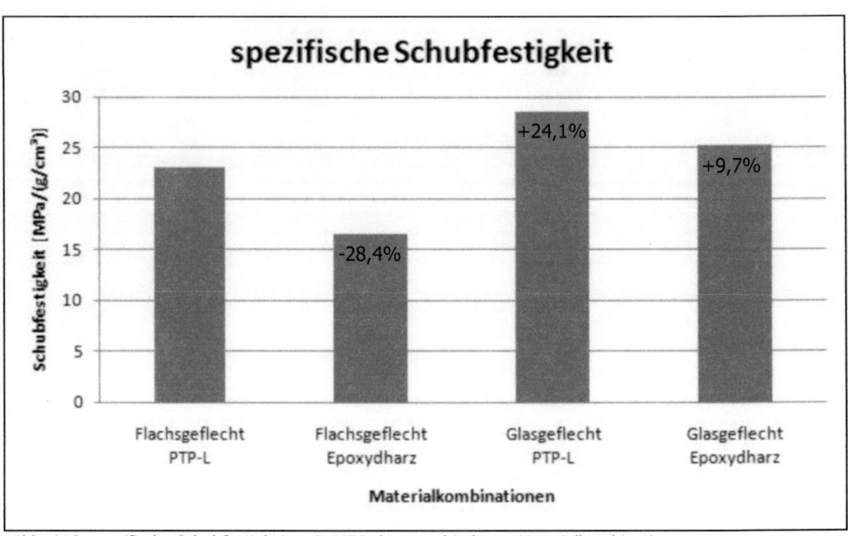

Abb. 146: spezifische Schubfestigkeiten in MPA der verschiedenen Materialkombinationen

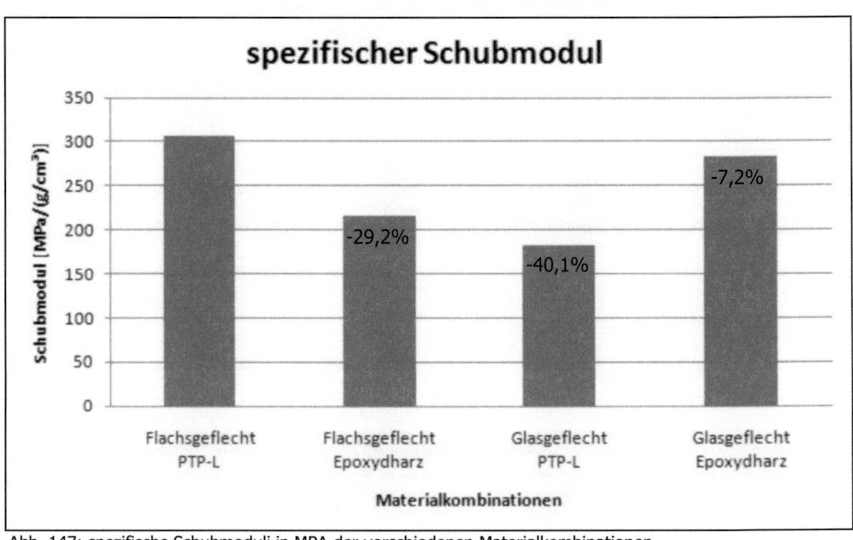

Abb. 147: spezifische Schubmoduli in MPA der verschiedenen Materialkombinationen

In der spezifischen Schubfestigkeit zeigen sich bei Glas noch leichte Vorteile, während beim Schubmodul die Flachsfasern in Verbindung mit PTP-L höhere Kennwerte erzielen, wie sämtliche andere Materialkombinationen. Flachs kann also betreffend der Schubfestigkeit und des Schubmoduls durchaus als gleichwertig betrachtet werden.

7.6   Kraft-Weg-Diagramme

Im folgenden Kapitel sollen noch exemplarisch auf einige Kraft-Verläufe eingegangen werden. Diese orientieren sich an den Kennwerten der Zugprüfungen und soll die charakteristischen Unterschiede zwischen den beiden Materialien zeigen.

In den folgenden Abbildungen sind für alle Materialkombinationen exemplarisch Kraft-Weg-Diagramme aufgezeigt. Bei den Kraftverläufen für die Glasfaserlaminate ist nochmals deutlich zu sehen, dass mit einer Matrix aus PTP-L sehr viel höhere Kräfte erreicht werden können als mit RIM 135. Ein ähnliches Bild ist zu sehen, wenn die Flachsfaserlaminate betrachtet werden, auch hier kann mit einer Matrix aus PTP-L ein besserer Wert erzielt werden. Weiterhin ist klar ersichtlich, dass es bei Flachs im Gegensatz zu Glas zu einem schlagartigen Versagen der Prüfkörper kommt, während bei Glas das Kraftmaximum eher schonend überschritten wird. Bei der Belastung der Prüfkörper kommt es erst zu einem Reißen vereinzelter Filamente, bevor es im Anschluss bei höheren Belastungen zu einem Versagen von Faserbündeln kommt. Es zeigt sich, dass im Vergleich zu Glas sehr viel geringere Schädigungen im Laminat ausreichen, um den Verbund zu zerstören. Weiterhin zeigen die linearen Kraftverläufe in den Diagrammen die Bereiche, in denen es noch zu keiner wesentlichen Schädigung kommt. Es mit einem Abflachen der Kurve bei höheren Belastungen treten erste Schädigungsprozesse ein. Die linearen Bereiche sind in den Diagrammen der Glaslaminate etwas ausgeprägter als bei Flachs, was zeigt, dass es in den Flachslaminaten schon bei geringeren Belastungen zu Schädigungen kommt. Weiterhin fällt auf, dass PTP-L sowohl bei Glas als auch Flachs erst bei höheren Wegstrecken versagt wie RIM 135.

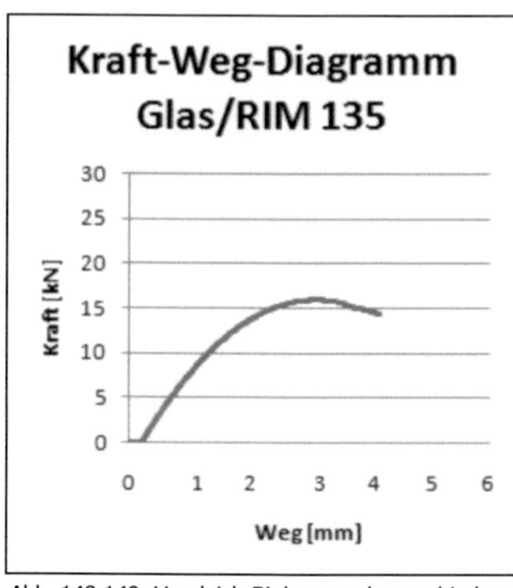

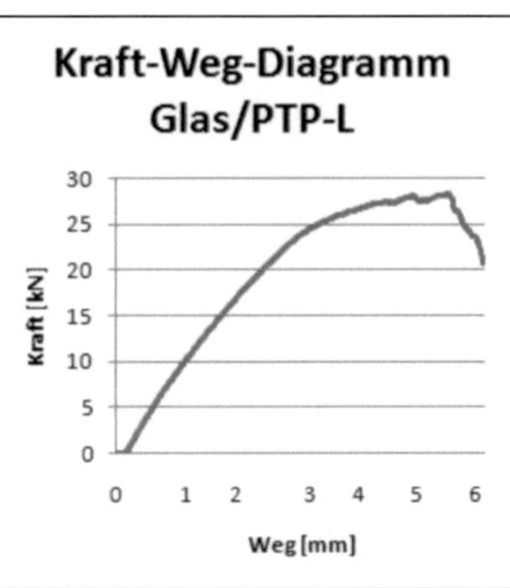

Abb. 148,149: Vergleich Bioharz nach verschiedenen Lagerungsdauern

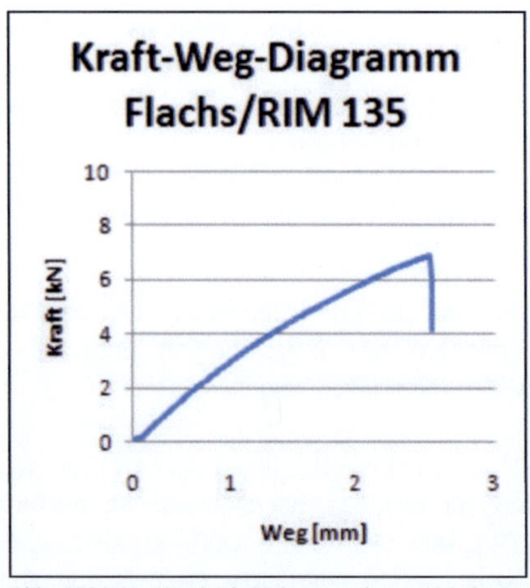

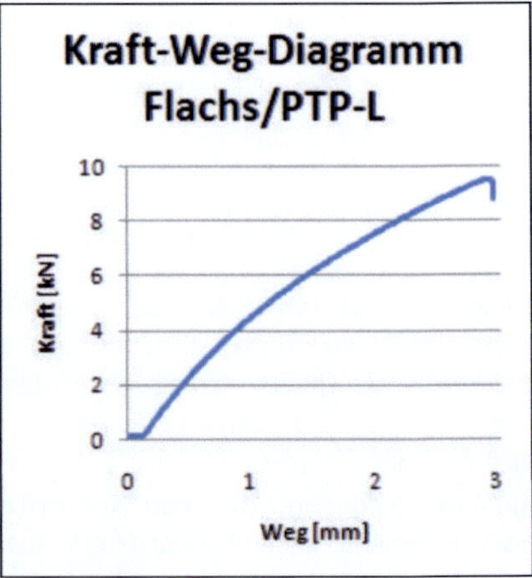

Abb. 150,151: Vergleich Bioharz nach verschiedenen Lagerungsdauern

7.7   Spannungs-Dehnungs-Diagramm

Anhand der Spannungs-Dehnungs-Diagramme lassen sich nochmals sehr gut die E-Moduli der Materialkombinationen darstellen. Der E-Modul ist bei den Glasfaserlaminaten nahezu identisch, während bei Flachs mit einer Matrix aus PTP-L, bedingt durch die höhere Steigung der Gerade ein höherer E-Modul erreichbar ist.

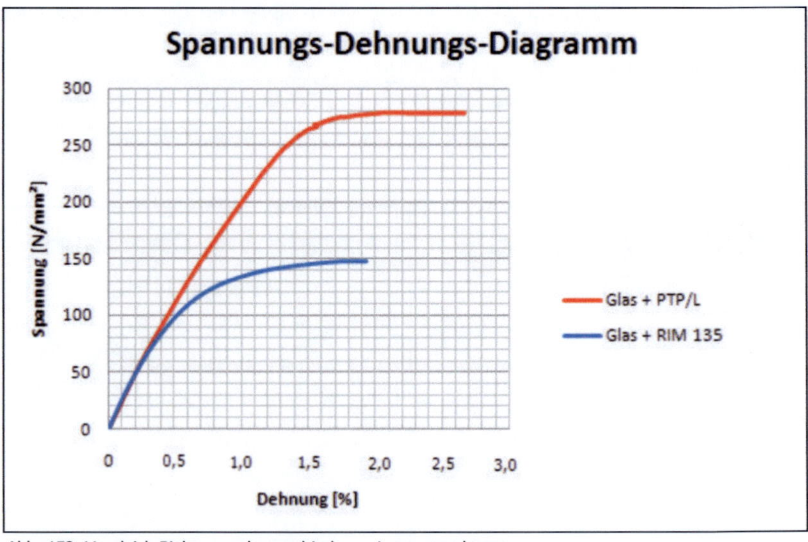

Abb. 152: Vergleich Bioharz nach verschiedenen Lagerungsdauern

Ein Knie (Pucksches Knie), das sich durch Grenzflächenversagen senkrecht zur Zugbeanspruchung ergibt ist in den Punkten zu erkennen, wo es zu einem Abfallen der Steigungen der Geraden kommt. An einem Puckschen Knie kommt es zu einer mäßigen Steifigkeitsreduzierung, dennoch sind normalerweise weiterhin erhebliche Kräfte übertragbar.

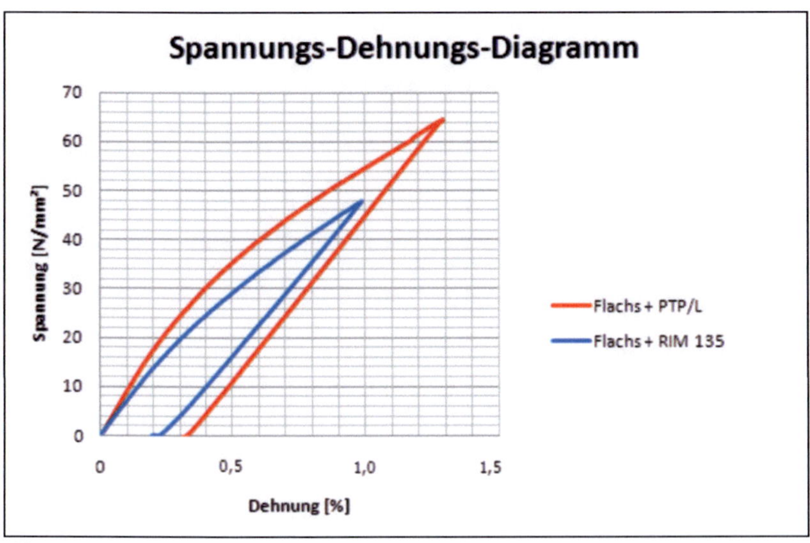

Abb. 153: Vergleich Bioharz nach verschiedenen Lagerungsdauern

8.   Diskussion

8.1   Laminatuntersuchungen

Die Ergebnisse der Laminatuntersuchungen der Flachslaminate gilt es genauer zu diskutieren. In der Epoxydharzmatrix RIM 135 ist vermehrt Porosität zu finden, die Schwachstellen darstellen und somit die mechanischen Eigenschaften deutlich reduzieren. Dem gegenüber steht eine Matrix aus PTP-L, die keinerlei Poren aufweist und optisch betrachtet die besseren Ergebnisse liefert. Aus diesen Ergebnissen kann gefolgert werden, dass die Laminatqualität bei Verwendung von PTP-L hinsichtlich der Porosität besser ist und zu bevorzugen ist.

Generell wird vermutet, dass ein aus Flachsfasern aufgebautes Laminat durch die relativ fransige Struktur der Faser schwieriger zu infiltrieren ist, als ein vergleichbares Glasfaser- oder Kohlenstofffasergeflecht. In folgender Abbildung ist die fransige und raue Struktur der Flachsfasern nochmals deutlich zu erkennen.

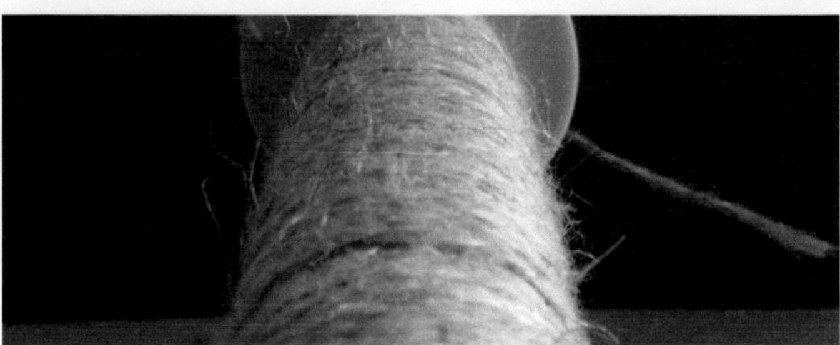

Abb. 154: aufgewickelte Flachsfasern und fransiger Struktur der Fasern

Grundvoraussetzung ist daher eine möglichst geringe Viskosität der Harze, um in alle Zwischenräume und Hohlräume eindringen zu können und so für eine optimale Laminatqualität zu sorgen. Das PTP-L weist bei der Verarbeitung eine etwas geringere Viskosität auf und ist somit besser geeignet, um auch in die kleinsten Zwischenräume zwischen die Fasern eindringen zu können. Durch eine weitere Reduzierung der Viskosität durch Temperaturerhöhung des Harzes, allerdings zu Lasten der Topfzeit, können die Effekte weiterhin verbessert werden. Insgesamt sind dennoch auch bei einer optimierten Variante und geringer Erwärmung bei normalen Epoxydharz etwas mehr Poren zu finden als bei dem Bioharz.

Ein weiterer wichtiger Aspekt zur Beurteilung der Laminatqualität ist die Faser-Matrix-Bindung.

Bei der Bruchprobe aus Flachsfasern mit PTP-L zeigt sich eine sehr gute Faser-Matrix-Haftung. Es sind keine unbenetzte Fasern zu finden, die Flachsfasern sind gut eingebettet in der Matrix aus PTP-L. Bei der Bruchprobe aufgebaut aus Flachsfasern und Epoxydharz RIM 135 zeigt sich ein ähnliches Bild, jedoch sind hier vermehrt unbenetzte Fasern bzw. aus der Matrix gezogene Fasern zu finden, was auf eine etwas geringere Faser-Matrix-Haftung schließen lässt. Dennoch ist die Faser-Matrix-Bindung ausreichend, um eine gute Laminatqualität zu gewährleisten. Es kann auch hier gefolgert werden, dass PTP-L im Bezug auf RIM 135 durchaus vorteilhaft ist und für die Flachsfaser besser geeignet ist.

Es zeigt sich deutlich, dass das Bioharz sehr viel besser für die Flachsfasern geeignet ist, als das konventionelle Epoxydharz. Sowohl bei der Porosität, als auch der Faser-Matrix-Haftung schneidet das PTP-L besser ab, was sich auch in den ermittelten Kennwerten wiederspiegelt und die Beurteilung der Verbundeigenschaften deutlich belegt.

Auch der Faservolumengehalt muss genauer diskutiert werden. Während bei dem Glasfasergeflecht sehr gute Ergebnisse erreicht werden und Faservolumengehälter von ca. 60 % erzielt werden, ist der FVG bei Flachslaminaten deutlich geringer. Dieser geringere FVG lässt sich auch auf die Verarbeitung zurückführen. Bei der Verarbeitung war es nicht möglich ein optimal geschlossenes Geflecht herzustellen, worauf im nächsten Kapitel eingegangen wird. Durch das ungeschlossene Geflecht bleiben relativ viele Zwischenräume frei, die vom Harz gefüllt werden können. So sinkt der FVG schnell und auch deutlich ab. Generell haben die Vorversuche schon gezeigt, dass ein FVG von 52 % möglich ist. Bei weiterer Optimierung der Geflechte ist mit Sicherheit ein FVG von 55 % realistisch. Es ist davon aufzugehen, dass ein Faservolumengehalt von 60 % nicht erreichbar ist, bedingt durch die Struktur der Faser. Da die Flachrovinge durch den Stützfaden nur gering in der Ablagebreite und damit dem Durchmesser variieren können, verbleiben automatisch größere Zwischenräume zwischen den Rovingen als bei Glas- oder Kohlenstofffasern, wodurch ein höherer FVG auch nicht erreicht werden kann.

8.2   Verarbeitung

Es zeigt sich, dass eine Verarbeitung von Flachsfasern auch auf Flechtmaschinen gut durchführbar ist. Allein diese Tatsache ist von großer Bedeutung, da mit einer Verarbeitung der Flachsfasern auf Flechtmaschinen mehr oder weniger Neuland betreten wurde. Ein Herstellen von textilen Preforms auf Basis nachwachsender Rohstoffe ist also auch durch die Flechttechnologie möglich, was den Marktanteil von Naturfasern auch in dieser Technologiesparte mit Sicherheit steigen lassen wird.

Dennoch ist es bei der Verarbeitung auf den beiden Flechtmaschinen zu Unterschieden gekommen, auf die noch genauer eingegangen werden muss. Auf dem Flechter mit 64 Klöppeln lässt sich das Material sehr gut verarbeiten, die Herstellung eines Geflechtes, das auch optisch ansprechend ist, ist gut durchführbar. Das Geflecht ist nahezu geschlossen und weist einen sauberen geradlinigen Faserverlauf auf. Gerade die Flechtergebnisse der commingled yarns überzeugen und zeigen bereits eine sehr hohe Qualität.
Auf der Flechtmachine mit 176 Klöppeln ist die Verarbeitung zwar auch problemlos möglich, jedoch lassen sich hier nicht so gute Ergebnisse wie auf dem kleinen Flechter erzielen. Das Geflecht ist nicht optimal geschlossen und auch der Faserverlauf ist teilweise nicht exakt gerade (S-Schlag). Nun stellt sich die Frage, woran diese signifikanten Unterschiede bei der Verarbeitung auf den Maschinen liegen. Ein wesentlicher Aspekt ist mit Sicherheit die Reibung. Da die Fasern durch die relativ raue und fransige Struktur sehr viel mehr Reibung beim Übereinandergleiten erzeugen als Glas-oder Kohlenstoffasern kommt es zu diesen Mängeln, wie einem nicht geschlossenem Geflecht oder aber einem leichten S-Schlag. Dieser Effekt zeigt sich auf dem großen Flechter sehr viel deutlicher. Durch die sehr viel höhere

Anzahl an Klöppeln entstehen sehr viel mehr Kreuzungspunkte und damit auch insgesamt sehr viel mehr Reibung. Dies zeigt sich auch bei der Verarbeitung von Hybridgeflechten (Flachsfasern und Kohlenstofffasern). Was auf der kleineren Maschine problemlos möglich ist, ist auf der größeren Maschine nicht möglich, da eben durch die sehr viel höhere Reibung die Kohlenstoffrovinge sehr viel mehr geschädigt werden und somit sehr viel schneller Geflechtfehler entstehen.

Die Verarbeitung der Flachsfaser funktioniert folglich auf den großen Flechter noch nicht optimal, gerade für größere Bauteile muss noch erheblicher Entwicklungsaufwand geleistet werden, um Ergebnisse zu erzielen, die optisch ansprechend sind und mit der Qualität eines Glasfasergeflechts vergleichbar sind.

Es ist dabei durchaus möglich auf beiden Maschinen gute Ergebnisse zu erzielen, jedoch sind gute Qualitäten auf der großen Maschine nur schlecht reproduzierbar. Folgende Abbildungen zeigen die Flachsgeflechte auf den Flechtmaschinen. Auf dem großen Flechter ist das Geflecht nicht optimal geschlossen und zeigt gegenüber dem Geflecht des kleinen Flechters Nachholbedarf.

Abb. 155,156: Vergleich der Geflechte von kleinem Flechter (links) und großem Flechter (rechts)

Die Faser selbst ist ein weiteres Problem bei der Verarbeitung. Während Glas- oder auch Kohlenstofffasern beim Ablegen auf den Kern ihren Querschnitt ändern und sich sehr flach und oval auf den Kern ablegen und sehr stark in der Ablagebreite variieren können, ist dies der Flachsfaser nicht möglich. Das liegt vor allem an dem Stützfaden, der die Flachsfaser umgibt und zu einem Roving verbindet. Der Flachsroving kann daher in der Ablagebreite nicht so stark variieren wie Kohle oder Glas. Dadurch ist die Verarbeitung der Flachsfasern sehr viel schwieriger bzw. müssen die Prozessparameter sehr viel genauer an die Fasern angepasst werden. Während man bei Kohle oder Glas also eine sehr viel größere Toleranz bzw. einen größeren Spielraum hat, müssen die Parameter bei Flachs exakt eingestellt werden, um ein ansprechendes Geflecht zu erzielen. Bei dem kleinem Flechter ist dies zwar schon sehr gut gelungen, während beim großen Flechter noch erheblicher Entwicklungsbedarf besteht. Die Qualität der Faser führt zu einem weiteren Problem. Zwar weisen die Rovinge schon eine sehr gute und auch kontinuierliche Qualität auf, dennoch sind vereinzelt in den Rovingen Schäben (Pflanzenreste) zu finden, die den Querschnitt an dieser Stelle massiv vergrößern. Gerade für den Flechtprozess und eine automatisierte Verarbeitung ist es absolut notwendig, dass die Qualität der Fasern weiter verbessert wird und die Anzahl dieser Schäben möglichst gegen Null reduziert wird. Durch die Schäben kommt es sofort zu einem Geflechtstau und damit zu Geflechtfehlern, was natürlich nicht gewünscht ist. Folgende Abbildung zeigt Fremdmaterial im Roving, der in der Verarbeitung einen Prozessfehler erzeugen würde.

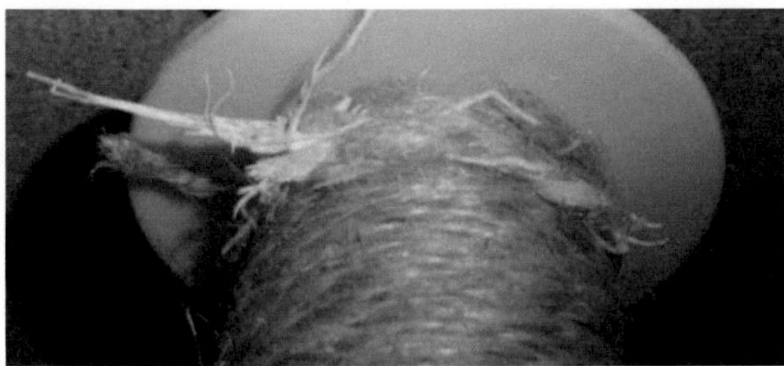

Abb. 157: Pflanzenreste im Roving

Durch die nicht optimale Geflechtqualität spiegeln die Ergebnisse der Kennwertermittlung der Flachslaminate nicht exakt die tatsächlichen Kennwerte wieder. Durch das nicht geschlossene Geflecht und einen damit verbundenen geringen FVG und den krümmen Faserverlauf sind die Kennwerte, die für das Flachs ermittelt werden konnten reduziert, da es schon durch geringe Abweichungen in der Faserorientierung zu hohen Festigkeitsverlusten kommt. Diese Tatsache wird jedoch noch genauer diskutiert, muss aber stets berücksichtigt werden.

In der Verarbeitung ist der größte Optimierungsbedarf zu sehen. Es ist zwingend notwendig, dass die Verarbeitung von Flachs- bzw. auch anderen Naturfasern soweit verbessert wird, bis Ergebnisse erzielt werden, die an die Qualität konventioneller Fasern heranreichen. Dazu sind mit Sicherheit neue Ideen und Entwicklungen ebenso notwendig wie eine exakte Definition der Parameter während der Verarbeitung. Dennoch ist genau hier der Schlüssel zu suchen. Sollte es möglich sein, die Verarbeitung von Naturfasern optimal zu gewährleisten, werden sich Naturfasern mit Sicherheit auch in der Flechttechnologie fest etablieren und ihr Marktvolumen dadurch steigern können.

8.3 Infiltration

Die Infiltration von Flachsgeflechten läuft problemlos ab, wurde in den Vorversuchen schließlich durch Grundlagenforschung Ergebnisse entwickelt, die für optimale Ergebnisse sorgen. Dennoch kam es während der Infiltration der Prüfgeflechte mit PTP-L zu einer Auffälligkeit, die es noch genauer zu diskutieren gilt.

Bei der Infiltration zeigen sind deutliche Unterschiede zwischen einem „frisch" angelieferten Harz und einem längeren gelagerten Harz. Die Infiltration läuft bei letzterem sehr viel langsamer ab, die Viskosität liegt deutlich höher, da das Harz nur sehr langsam fließt. Es wird vermutet, dass das Bioharz auch während der Lagerung langsam reagiert und somit auch die Viskosität kontinuierlich ansteigt. Bereits an der Farbe des Harzes ist ersichtlich, dass eine langsame Reaktion stattfindet. In folgender Abbildung ist links ein PTP-L mit einer Lagerungsdauer von 5 Monaten zu sehen, rechts eine Lagerungsdauer von 2 Monaten. Die sehr viel dunklere Farbe des länger gelagerten Harzes zeigt, dass eine Reaktion stattfindet.

Abb. 158: Vergleich Bioharz nach verschiedenen Lagerungsdauern

Da es sich um ein Einkomponentenharz handelt, in dem Harz und Härter schon beim Hersteller vermischt werden, ist diese Vermutung durchaus berechtigt, beginnt schließlich die Reaktion von Epoxydharzen normalerweise beim Vermischen der beiden Komponenten, auch wenn diese Reaktion bei dem PTP-L vermutlich extrem langsam abläuft. Auch wird die Reaktion durch den Beschleuniger, der mit 3 - 5% hinzugegeben wird und die Aushärtetemperatur nur beschleunigt und nicht erst ausgelöst.

Eine Laminatherstellung ist nämlich, das haben Versuche gezeigt grundsätzlich auch ohne Beschleuniger möglich, dauert aber entsprechend länger.

Für eine optimale Bauteilherstellung sollte daher unbedingt in Betracht gezogen werden, die Komponenten Harz und Härter erst vor Ort zu mischen, um einen optimalen Prozessverlauf gewährleisten zu können.

8.4 Prüfverfahren

Da es während der Prüfverfahren zu einigen Besonderheiten gekommen ist, sollen in diesem Kapitel näher auf die Prüfverfahren eingegangen werden und diskutiert werden. Das Prüfen der Flachslaminate verläuft zwar problemlos, es ist aber dennoch zu einigen Abweichungen im Vergleich zu den Glasfaserlaminaten gekommen.

Bei der CAI-Prüfung zeigen sich die größten Unterschiede. Grundsätzlich kommt es bei diesem Testverfahren zu einem Schadensbild, bei dem die Probe in der Mitte in dem geschädigten Bereich bricht. Auch bei einer ungeschädigten Probe kommt es üblicherweise zu einer Zerstörung in der Prüfkörpermitte, wie in folgender Abbildung zu sehen ist.

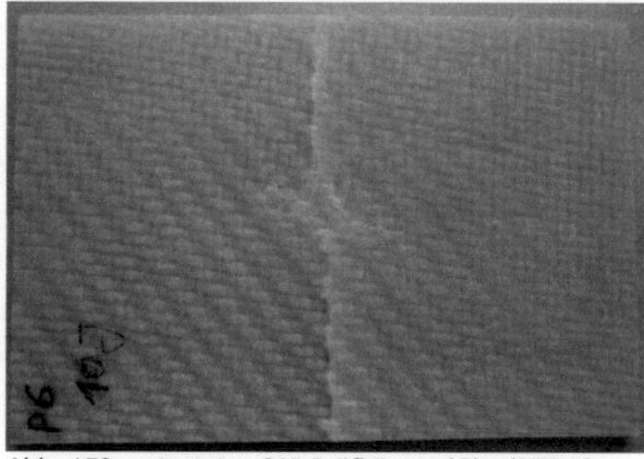
Abb. 159: getesteter CAI-Prüfkörper (Glas/PTP-L)

Bei Flachslaminaten kommt es sowohl in Verbindung mit PTP-L, als auch dem Epoxydharz RIM 135 zu keiner Zerstörung der Prüfkörper. Stattdessen biegen sich die Proben bei Belastung in der Vorrichtung, und das obwohl die Proben an allen vier Kanten über die gesamte Länge fest eingespannt sind und somit eine Biegung eigentlich ausgeschlossen werden soll. Die folgenden Abbildungen zeigen die fest eingespannten Prüfkörper aus Flachs, die sich bei Belastung ineinander verbiegen.

Abb. 160,161: sichtbare Verformung der CAI-Prüfkörper in der Vorrichtung unter Belastung

Diese Ergebnisse lassen die Vermutung aufkommen, dass die CAI-Prüfung für Flachsfaserlaminate nicht optimal geeignet ist und es durchaus zu Verfälschungen bezüglich der Kennwerte kommen kann. Denn durch die Bauweise der Prüfvorrichtung soll im Normalfall genau der Effekt des Durchbiegens verhindert werden und bei Prüfkörpern aus Glas- oder auch Kohlenstofffasern funktioniert dies durch die feste Einspannung auch sehr gut. Diese Durchbiegung war vorab der Tests nicht zu erwarten, zeigt aber durchaus auch einen Vorteil für die Flachslaminate. Es kann vermutet werden, dass Flachlaminate in Karosserieanwendungen im Automobilbau für kleinere Schadensfälle besser geeignet sind, da der Verbund sehr viel dehnbarer ist.

Auch bei der ILS-Prüfung kam es zu einer Abweichung. Hier zeigen die Prüfkörper aus Flachs nicht das typische Schädigungsbild einer Delamination sondern eine Delaminations- und Bruchschädigung. Zwar zeigt sich ein ähnlicher Kraftverlauf wie bei den Prüfkörpern aus Glasfasern, allerdings verhindert die relativ große Dehnung eine reine Delaminationsschädigung. Es muss also auch hier mit einer geringfügigen Abweichung der Kennwerte gerechnet werden und die Versuchsanordnung auch hier optimiert werden, um eine wirkliche 100%ige Aussage über die Kennwerte der Flachslaminate geben zu können.

8.5 Kennwerte

Betrachtet man die experimentell ermittelten Kennwerte der Flachsfaserlaminate und vergleicht diese mit den erzielten Kennwerten der Glasfaserlaminate, so wird auf den ersten

Blick deutlich, dass Flachs bei weitem nicht an Glas heranreicht. Begründet durch den geringen Faservolumengehalt kommt es zu diesen geringen Werten bei den Flachsfasern. Ein anderes, deutlich besseres Bild zeigt sich beim Betrachten der normierten Kennwerte. Auch wenn diese Kennwerte im Endeffekt nur theoretisch berechnet werden können, zeigt sich, dass die Flachsfaser der Glasfaser gar nicht mehr so weit unterlegen ist, wie es am Anfang noch schien.

Um aber eine wirklich klare Aussage über die Güte der Kennwerte geben zu können, müssen auch noch andere Aspekte in Betracht gezogen werden. Sicherlich ist bei den Glasfaserlaminaten, wenn überhaupt nur noch eine geringere Verbesserung möglich. Die Laminate weisen einen FVG von ca. 60 % auf und befinden sich daher schon am oberen Ende der Skala, die mit dem VARI-Verfahren erzielt werden können. Die Glasfaserkennwerte geben daher eine klare Aussage über die Fähigkeiten und mechanischen Eigenschaften eines Glasfasergeflechts. Ein anderes Bild zeigt sich bei den Flachsfasern, da hier noch sehr viel Verbesserungspotential möglich ist. Der Schlüssel liegt wie bereits erwähnt in der Verarbeitung bzw. der Prozessführung. Wie schon genauer dargestellt, war das Flachsfasergeflecht von einer Qualität, das mit den Glasfasern nicht mithalten konnte und teilweise einen krummen Faserverlauf hatte. Es ist also damit zu rechnen, dass es durch die relativ schwache Laminatqualität bei dem Flachsfasergeflechten zu stark reduzierten Kennwerten gekommen ist. Dies wird auch bei Betrachten der Abbildung 163 deutlich. So ergibt sich schon bei einer Winkelabweichung von 10° ein Festigkeitsverlust von 65 %. Bei dem Geflecht aus Flachsfasern war es prozesstechnisch leider nicht möglich, in allen Lagen die Fasern exakt gleich zu orientieren. Das fällt z.B. beim Betrachten der Prüfkörper auf: Während auf der Oberseite die Fasern exakt und senkrecht verlaufen, verlaufen die Fasern auf der Unterseite und damit in einer anderen Geflechtlage unter einer geringen Winkelabweichung. Aber auch in einer Geflechtlage finden sich bei Flachs deutliche Unterschiede hinsichtlich des Faserverlaufes. Folgende Abbildung zeigt einen CAI-Prüfkörper. Die roten Markierungen zeigen den Verlauf der Fasern. Es ist deutlich der nicht geradlinige Verlauf zu sehen. Unter Berücksichtigung dieser Aspekt ist also für die Flachsfasern durchaus Luft nach oben und hohes Potential zu sehen. Es kann durchaus vermutet werden, dass bei einem geradlinigen Faserverlauf in den Flachsprüfkörpern deutlich höhere Kennwerte erzielbar sind. Es ist sogar damit zu rechnen, dass die Flachsfaser den Abstand zur Glasfaser weiter reduzieren kann und bis in die Nähe der Kennwerte heranreicht.

Abb. 162: Faserverlauf auf CAI-Prüfkörper

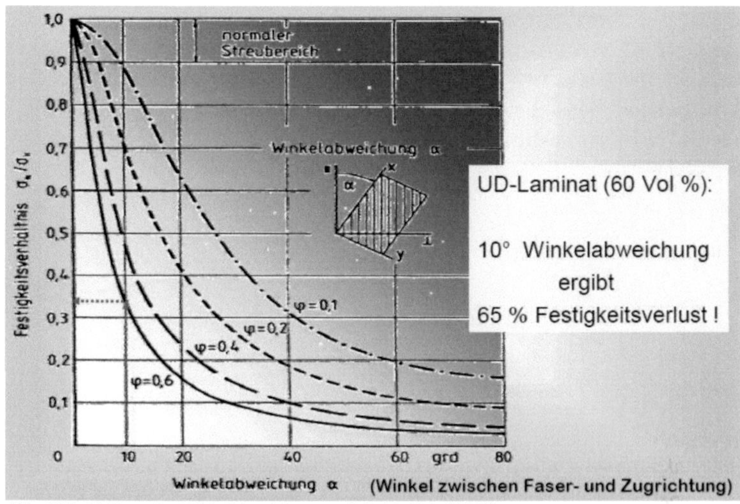

Abb. 163: Einfluss der Winkelabweichung auf die Festigkeit [28]

Der Schlüssel liegt wie bereits angesprochen in der Verarbeitung. Wenn es prozesstechnisch möglich ist Laminate herzustellen, die ein geschlossenes Geflecht aufweisen und auch einen geraden Faserverlauf haben, dann können auch Kennwerte ermittelt werden, die die tatsächliche Leistungsfähigkeit der Flachsfaser wiederspiegeln.

Berücksichtigt man nun die Geflechtqualität, so ist durchaus davon auszugehen, dass die Kennwerte von Flachs die von Glas erreichen, soll heißen: Bei gleicher Geflechtqualität und FVG sollten die Kennwerte in etwa gleichauf liegen.

Auch die verschiedenen Harzsysteme gilt es noch genauer zu diskutieren. Bei den Glasfasergeflechten zeigt sich ein Bild, das so nicht erwartet worden wäre. Das Bioharz PTP-L ist durchaus in der Lage mit dem Epoxydharz mitzuhalten und liefert Werte, die in etwa in der Nähe von RIM 135 liegen. Es zeigt sich daher, dass das Bioharz als ein echtes Alternativsystem anzusehen ist, besonders wenn man auch die prozesstechnischen Vorteile berücksichtigt.

Bei den Flachslaminaten ist das PTP-L dem Epoxydharz in den meisten Prüfverfahren überlegen. Gründe hierfür sind vor allem in der deutlich besseren Faser-Matrix-Bindung zu suchen. Bei der Begutachtung der Faser-Matrix-Bindung zwischen Flachsfaser und Epoxydharz zeigt sich ein etwas schwächeres Bild, daher kommt es auch zu etwas reduzierten Kennwerten. Zusammenfassend lässt sich sagen, das Flachs in Verbindung mit PTP-L am meisten Sinn macht, da auf der einen Seite damit bessere Kennwerte erzielt werden und auf der anderen Seite der ökologische Gedanke nicht vernachlässigt wird. Bei den Glasfasern ist das verwendete Epoxydharz die geeignete Wahl, PTP-L kann allerdings als nahezu gleichwertig gesehen werden. Es muss jedoch auch berücksichtigt werden, dass das PTP-L gegenüber dem RIM 135 deutlich teurer im Einkauf ist, der Preis liegt etwa doppelt so hoch. Das liegt mit Sicherheit noch an den nur sehr geringen Mengen, die aktuell hergestellt werden und bei einer Produktionssteigerung könnte der Preis sicherlich deutlich niedriger werden. Gerade im Automobilbau werden allerdings Harze verwendet, die mit ca. 3 €/kg deutlich unter dem Preis des PTP-L liegen (15 €/kg).

Letztendlich ist es voraussichtlich möglich, dass mit diesen Flachsfasern bei weiteren Optimierungen Kennwerte erzielt werden, die nahe an die mechanischen Eigenschaften von Glasfasern heranreichen. Somit ist auch durchaus vorstellbar, dass Flachs Glas in Anwendungen zukünftig vermehrt substituieren kann und sich langfristig gegen Glas durchsetzten wird.

9.   Ausblick

Ein kurzer Ausblick soll den Abschluss dieser Diplomarbeit bilden.

Diese Diplomarbeit und vor allem die Kennwertermittlung haben gezeigt, dass Flachsfasern, vor allem bezogen auf das Gewicht mit Glasfasern durchaus mithalten können und diesen sogar überlegen sind. Das macht Mut zur Hoffnung, dass Flachsfasern zukünftig vermehrt zum Einsatz kommen, gerade Glasfasern könnten durch Flachsfasern sehr gut substituiert werden. Weiterhin lässt sich festhalten, dass der Schlüssel zu noch besseren Ergebnissen in der Verarbeitung liegt. Dabei muss einerseits die Qualität der Endlosfasern weiter verbessert werden. Sicherlich wird man nie an die Qualität von synthetisch hergestellten Fasern herankommen, dennoch sind auch in der Herstellung noch Verbesserungen für Optimierungen zu sehen. Ein gleichmäßiger Durchmesser der Rovings muss Voraussetzung sein, um optimale Eigenschaften gerade im Automobilbau zu erzielen, wo extrem hohe Anforderungen, z.B. an die Oberfläche erwartet werden. Dennoch ist man hier auf einem guten Weg endlose Naturfasern in einer hohen Qualität herzustellen. Andererseits muss noch weiter Entwicklungsarbeit in der Verarbeitung der Fasern gelegt werden, um letztendlich Geflechte herzustellen, die möglichst nahe an vergleichbare Glasfasergeflechte heranreichen. Es muss berücksichtigt werden, dass man sich mit der Verarbeitung von Flachs- und auch Naturfasern bisher wenig beschäftigt hat. Es müssen daher erst Erfahrungen gemacht werden und Prozesse untersucht und verbessert werden. Sollte an diesen Stellen angesetzt werden und die Verarbeitung verbessert werden, ist die Flachsfaser eine echte Alternative zur Glasfaser, ein steigender Absatz und eine vermehrte Anwendung auch in der Automobilbranche wären die logische Konsequenz. Ein ökologisches Denken und Handeln auch Anwendungen in diesem Gebiet werden in Zukunft vermehrt in Betracht kommen und die Entwicklungen auch im Bereich der Naturfasern vorantreiben.

Anfänglich werden sich Naturfasern zwar nicht sofort in Karosseriebauteilen von Serienfahrzeugen durchsetzen, aber in anderen Anwendungen besteht durchaus die Chance auf Erfolg, auch unter Berücksichtigung der Preise. Elektroroller oder auch erste kleine Elektroautos oder Stadtautos mit relativ geringen Stückzahlen könnten durchaus auf Naturfasern zurückgreifen und dadurch den Weg auch hin zu größeren Serien ebnen. Auch das untersuchte Harzsystem PTP-L ist gerade für den Automobilbau ein sehr interessanter Ansatz bzw. Rohstoff. Durch die schnelle Reaktion sind extrem schnelle Prozesszeiten möglich, gerade für die hohen Produktionszahlen im Automobilbau ein wichtiges Kriterium. Weiterhin lassen sich mit dem Harz bzgl. Flachs bessere Ergebnisse erzielen, als mit einem konventionellen Harzsystem. Daher ist auch davon auszugehen, dass das Harz in Zukunft seinen Marktanteil als auch Bekanntheitsgrad weiter steigen kann.

Diese Diplomarbeit hat einen ersten wichtigen Schritt dazu beigetragen und gezeigt, was mit Flachsfasern möglich ist. Wenn kontinuierlich auf diesen Ergebnissen aufgebaut wird, dann steht einer grünen Revolution im Bereich der Faserverbundwerkstoffe nichts mehr im Wege.

10.   Zusammenfassung

Diese Arbeit beschäftigt sich mit textilen Biocomposites. Dabei werden Kennwerte von Flachslaminaten ermittelt und mit den Kennwerten synthetischer Fasern (insbesondere Glasfaser) verglichen. Damit kann eine klare Aussage über die Leistungsfähigkeit von Biocomposites gegeben werden.

In Vorversuchen kommt es zu einer Auswahl von geeigneten Fasern und Harzsystemen. Dabei werden neben Flachsfasern auch sogenannte commingled yarns untersucht. Bei commingled yarns handelt es sich um eine Art Hybridfaser, Flachsfasern und Polypropylenfasern als Matrix sind in diesem Fasertyp bereits kombiniert. Bei den Harzsystemen wird ein Bioharz (PTP-L) und das Standardharz am Institut für Flugzeugbau, das Epoxydharz MGS RIM 135 genauer untersucht. Bei dem PTP-L handelt es sich um ein biobasiertes Epoxydharz, das fast zu 100 % aus nachwachsenden Rohstoffen aufgebaut werden kann. Die Vorversuche zeigen deutlich, dass die commingled yarns für genauere Untersuchungen und auch Kennwertermittlungen nicht geeignet sind. Gründe sind vor allem in dem geringen Matrixanteil zu suchen, wodurch kein optimales Laminat entsteht. Der Fokus der Diplomarbeit wird daher auf die reinen Flachsfasern gelegt, die sich sehr gut verarbeiten lassen und auch zu guten Ergebnissen hinsichtlich der Laminatqualität führen. Bei den Harzsystemen werden beide Epoxydharze genauer untersucht werden, um auch eine Aussage über die Leistungsfähigkeit des biobasierten Harzes zu geben.

Nach Abschluss der Vorversuche und der damit verbundenen Materialauswahl kommt es im Hauptteil der Arbeit zu einer Kennwertermittlung von Biocomposites. Die Grundlage dazu bildet die Flechttechnik, die als textile Preformtechnologie dazu genutzt wird, um Geflechte aus Flachsfasern und auch Glasfasern aufzubauen. Aus den Geflechtlagen werden anschließend in geeigneter Menge und Größenordnung über ein Harzinfiltrationsverfahren Laminate hergestellt. Dabei werden die Flachsfasergeflechte und auch Glasfasergeflechte jeweils sowohl mit PTP-L als auch MGS L135 infiltriert, wobei als Verfahren das VARI-Verfahren verwendet wird. Bei dem Vacuum Assisted Resin Infusion-Verfahren handelt es sich um ein Verfahren, bei dem das Harz nur mit Hilfe des atmosphärischen Druckes durch die Fasern gezogen wird. Im Anschluss werden Prüfkörper hergestellt, die nach diversen Normen genau getestet werden, um eine Aussage über die mechanischen Eigenschaften der Laminate geben zu können. Neben einer Zug- und Druckprüfung werden auch die interlaminare Scherfestigkeit und die Schubfestigkeit untersucht. Außerdem werden gezielt geschädigte Probekörper getestet und eine Aussage über Druckfestigkeit und Restfestigkeit geben zu können.

Parallel dazu werden an den Laminaten genauere chemische Untersuchungen durchgeführt. Dabei steht besonders das Laminat, das aus Flachsfasern aufgebaut wird im Fokus, um genauere Informationen über die Laminatqualität zu erhalten. Neben dem Faservolumengehalt werden die Laminate auf Porosität und auch Faser-Matrix-Haftung untersucht. Dabei zeigt sich, dass das PTP-L-Harzsystem im Vergleich zum Standardepoxydharz MGS L135 besser abschneidet. Es liefert die besseren Ergebnisse bei der Porositätsuntersuchung und auch die Faser-Matrix-Haftung liefert bei einem Verbund aus Flachsfasern und PTP-L bessere Ergebnisse als ein Verbund aus Flachsfasern und MGS L135. Dadurch zeigt sich, dass das Bioharz für Flachsfasern besser geeignet ist. Der

Faservolumengehalt der Flachslaminate liegt deutlich unter denen der Glasfaserlaminate, was auf die Geflechtherstellung zurückzuführen ist. Insgesamt sind noch nicht Qualitäten erreichbar, die mit Glas- oder Kohlenstofffasern erzielt werden können. Das Geflecht ist nicht vollständig geschlossen, somit hat das Harz sehr viel Zwischenräume zum sammeln und dementsprechend fällt der FVG.

Bei den experimentell bestimmten Kennwerten der Flachsfaserlaminate zeigt sich deutlich, dass die mechanischen Eigenschaften deutlich niedriger liegen als vergleichbare Glasfaserlaminate. Erst nach einer Normierung der Ergebnisse auf einen FVG von 60 Vol.% kommt es zu einer deutlichen Annäherung der beiden Materialien. Zwar erreichen auch hier die Werte von Flachs nicht die Werte von Glas, dennoch kann durchaus von einem nahezu gleichwertigen Material gesprochen werden. Sehr positive Ergebnisse bezogen auf die Flachsfaser ergeben sich, wenn die Kennwerte auf das Gewicht umgerechnet werden. Auch mit dieser, besonders für die Automobilindustrie wichtigen Tatsache beschäftigt sich die Diplomarbeit und zeigt, dass bei gleichem Gewicht die Flachsfaser sogar der Glasfaser mindestens ebenbürtig wenn nicht überlegen ist.
Das zeigt durchaus, welches Potential in Naturfasern, wie z.B. der in der Diplomarbeit untersuchten Flachsfaser steckt und beweist, dass eine Substitution von Glasfasern durch Flachsfasern durchaus Sinn machen kann, nicht nur beim Betrachten des ökologischen Nutzens und der ökologischen Vorteile, sondern auch der mechanischen Kennwerte.

Literaturangaben

[1]   Beitrag zum Einsatz von unidirektional naturfaserverstärkten
thermoplastischen Kunststoffen als Werkstoff für großflächige Strukturbauteile
Dissertation Gert Sedlacik – Technische Universität Chemnitz

[2]   Anwendungen von Faserverbundwerkstoffen in der Verkehrstechnik
Lars Herbeck, Axel S. Hermann, Ulrich Riedel, Markus Kleineberg
DLR, Institut für Strukturmechanik, Braunschweig

[3]   Naturfaserverstärkte Kunststoffe
Dipl-Phys. Michael Carus (nova-institut GmbH)
Fachagentur Nachwachsende Rohstoffe FNR, Gülzow

[4]   Aus für naturfaserverstärkte Verbundwerkstoffe nicht nur im Automobilbau
Dr.-Ing. Dipl.-Chem. Ulrich Riedel, Institut für Strukturmechanik des DLR

[5]   Naturfaserverstärkte Kunststoffe (NFK)
Nova-institut GmbH, Hürth

[6]   Aspekte des automobilen Leichtbaus
Faserverbundseminar IFB 26.01.2010
J. Döll, B. Veihelmann, Audi Leichtbau Zentrum

[7]   www.fourmotors.com
Stand September 2010

[8]   Naturfaserverstärkte Kunststoffe (NfK)
im automobilen Außenbereich – eine Herausforderung
Lars Reimer, Reimer Modelltechnik
16. Nationales Symposium SAMPE Deutschland e.V.

[9]   www.gii-prodections.com
Stand September 2010

[10]   www.greentechnolog.com
Stand September 2010

[11]   Beurteilung der Qualität von Flachsfasern in Türinnenverkleidungen mittels
Pflanzenanatomischer Methoden
Dipl.-Biol. Pia Walter
Johannes Gutenberg-Universität Mainz, Institut für Spezielle Botanik

[12]   Flachsfaser (Präsentation)
Gerd Falk, Institut für Flugzeugbau

[13]   Commingled natural fibre/polypropylene wrap spun yarns for
Structured thermoplastic composites
Lu Zhang, Menghe Miao, CSIRO Material Science and Engineering
www. Elsevier.com – Composites Science and Technology

[14]   www.nerdbeer.de/richterdi/4-plait.gif
            Stand September 2010

[15]   Handbuch Verbundwerkstoffe
            Hanser Fachbuchverlag; Auflage 1 (Sep. 2004)

[16]   Institut für Flugzeugbau
            www.ifb.uni-stuttgart.de
            Stand September 2010

[17]   Faserverbundbauweisen: Halbzeuge und Bauweisen
            M. Flemming, G. Ziegmann, S. Roth
            Springerverlag Berlin Heidelberg (1996)

[18]   Entwicklung eines Verfahrens zum automatisierten Ausbilden von
            Wendepunkten bei geflochtenen Preformbauteilen
            T. von Reden, IFB – Diplomarbeit 2006

[19]   www.teufelberger.com
            Stand August 2010

[20]   VARI - Kostengünstiges Verfahren zur Herstellung von großflächigen
            Luftfahrtbauteilen
            M. Feiler, DLR 2001

[21]   Vakuuminfusionsverfahren
            IFB Universität Stuttgart, Vortrag C.C.e.V. Trainee 2010

[22]   Modellreaktion zur Modifizierung aromatischer Polyamide
            T. Hanhörster, Dissertation Universität Bielefeld (2001)

[23]   AITM 1-0007
            Airbus Test Method
            Fibre Reinforced Plastics
            Determination of Plain, Open Hole and Filled Hole Tensile Strength.

[24]   DIN EN ISO 14129
            Zugversuch an 45°-Laminaten zur Bestimmung der Schubspannungs-
            /Schubverformungs-Kurve, des Schubmoduls in der Lagenebene, Februar
            1998

[25]   AITM 1-0008
            Airbus Test Method
            Fibre Reinforced Plastics
            Determination of Plain, Open Hole and Filled Hole Compression Strength.

[26]   DIN EN ISO 14130
            Bestimmung der scheinbaren interlaminaren Scherfestigkeit nach dem
            Dreipunktverfahren mit kurzem Balken, Februar 1998

[27]   AITM 1-0010

Airbus Test Method
Fibre Reinforced Plastics
Determination of Compression Strength after Impact

[28]   Grundlagen der Faserverbundwerkstoffe
Prof. Dr. Schemme, Vorlesungsskript FH Rosenheim

[29]   Patentschrift DE 196 27 165 C2
Preform GmbH, Feuchtwangen

[30]   Faserverbundkunststoffe
W. Ehrenstein
Hanser Fachbuchverlag, 2. Auflage, März 2006

[31]   Grundlagen Kunststofftechnik
Prof. Dr. Winkel, Vorlesungsskript FH Rosenheim

[32]   Untersuchung des Einflusses der Fadenspannung beim Flechten auf Faser-
Schädigung und Bauteilkennwerte
M. Bulat, IFB – Diplomarbeit 2007

[33]   Tom Grünweg
Backe, backe Auto
Artikel Spiegel Online (www.spiegel.de), 26.07.2007

12. Anhang

12.1 Flechtprotokolle

<table>
<tr><td colspan="4" align="center">Flechtprotokoll
(176-Klöppel-Flechter)</td></tr>
<tr><td>Datum</td><td colspan="3">19. / 20. Juli 2010</td></tr>
<tr><td>Bauteil</td><td colspan="3">Geflecht für Probeplatten für Kennwertermittlung</td></tr>
<tr><td>Programmname</td><td colspan="3">Probeplatte_100mm</td></tr>
<tr><td>Bediener</td><td colspan="3">Jann Stoff / Frank Härtel</td></tr>
<tr><td>Klöppel</td><td>gelb</td><td>rot</td><td>Stehfäden</td></tr>
<tr><td>Besetzung</td><td>88</td><td>88</td><td>---</td></tr>
<tr><td>Fasertyp</td><td>Flachs 500 tex</td><td>Flachs 500 tex</td><td>---</td></tr>
<tr><td>Federstärke Oben</td><td>350 g</td><td>350 g</td><td>---</td></tr>
<tr><td>Federstärke an Seiten</td><td colspan="2">Als 0-Position gilt, wenn Stehfadendurchführung und Einstellringdurchführung übereinander liegen</td><td>---</td></tr>
<tr><td>Federstärke Unten</td><td colspan="2">350 g</td><td>---</td></tr>
<tr><td>Klöppeldrehzahl</td><td colspan="3">80 mm/s</td></tr>
<tr><td>Flechtringgröße</td><td colspan="3">110 mm</td></tr>
<tr><td>Kernvorschub</td><td colspan="3">11 mm/s</td></tr>
<tr><td>Flanschanordnung</td><td colspan="3">0°</td></tr>
<tr><td>Lagenanzahl</td><td colspan="3">1</td></tr>
<tr><td>Lagendicke</td><td colspan="3">ca. 1 mm</td></tr>
<tr><td></td><td colspan="2">Flechtfäden</td><td>Stehfäden</td></tr>
<tr><td>Ablagebreite</td><td colspan="2">---</td><td>---</td></tr>
<tr><td>Ablagewinkel</td><td colspan="2">45°</td><td>---</td></tr>
<tr><td>Geschwindigkeit</td><td colspan="3">0,88 mm/s</td></tr>
<tr><td>Geflecht geschlossen</td><td colspan="3">Nicht optimal</td></tr>
<tr><td>Bauteilgeometrie</td><td colspan="3">Prüfgeflecht Rohr, Durchmesser 100 mm</td></tr>
<tr><td>Fotos</td><td colspan="3">---</td></tr>
<tr><td>Bemerkung</td><td colspan="3">Leichter S-Schlag, nicht optimal geschlossenes Geflecht bei einigen Geflechtlagen</td></tr>
</table>

<table>
<tr><td colspan="4" align="center">Flechtprotokoll
(176-Klöppel-Flechter)</td></tr>
<tr><td>Datum</td><td colspan="3">21. / 22. Juli 2010</td></tr>
<tr><td>Bauteil</td><td colspan="3">Geflecht für Probeplatten für Kennwertermittlung</td></tr>
<tr><td>Programmname</td><td colspan="3">Probeplatte_100mm</td></tr>
<tr><td>Bediener</td><td colspan="3">Jann Stoff / Frank Härtel</td></tr>
<tr><td>Klöppel</td><td>gelb</td><td>rot</td><td>Stehfäden</td></tr>
<tr><td>Besetzung</td><td>88</td><td>88</td><td>---</td></tr>
<tr><td>Fasertyp</td><td>Glas 544 tex</td><td>Glas 544 tex</td><td>---</td></tr>
<tr><td>Federstärke Oben</td><td>350 g</td><td>350 g</td><td>---</td></tr>
<tr><td>Federstärke an Seiten</td><td colspan="2">Als 0-Position gilt, wenn Stehfadendurchführung und Einstellringdurchführung übereinander liegen</td><td>---</td></tr>
<tr><td>Federstärke Unten</td><td colspan="2">350 g</td><td>---</td></tr>
<tr><td>Klöppeldrehzahl</td><td colspan="3">80 mm/s</td></tr>
<tr><td>Flechtringgröße</td><td colspan="3">110 mm</td></tr>
<tr><td>Kernvorschub</td><td colspan="3">11 mm/s</td></tr>
<tr><td>Flanschanordnung</td><td colspan="3">0°</td></tr>
<tr><td>Lagenanzahl</td><td colspan="3">1</td></tr>
<tr><td>Lagendicke</td><td colspan="3">ca. 1 mm</td></tr>
<tr><td></td><td colspan="2">Flechtfäden</td><td>Stehfäden</td></tr>
<tr><td>Ablagebreite</td><td colspan="2">---</td><td>---</td></tr>
<tr><td>Ablagewinkel</td><td colspan="2">45°</td><td>---</td></tr>
<tr><td>Geschwindigkeit</td><td colspan="3">0,88 mm/s</td></tr>
<tr><td>Geflecht geschlossen</td><td colspan="3">Ja</td></tr>
<tr><td>Bauteilgeometrie</td><td colspan="3">Prüfgeflecht Rohr, Durchmesser 100 mm</td></tr>
<tr><td>Fotos</td><td colspan="3">---</td></tr>
<tr><td>Bemerkung</td><td colspan="3">Sehr gute Geflechtqualität</td></tr>
</table>

12.2 Infiltrationsprotokolle

<table>
<tr><td colspan="2" align="center">Infiltrationsprotokoll
VARI (Vacuum Assisted Resin Infusion)</td></tr>
<tr><td colspan="2" align="center">Allgemeines</td></tr>
<tr><td>Chargennummer</td><td>---</td></tr>
<tr><td>Datum</td><td>19. / 20. Juli 2010</td></tr>
<tr><td>Kerntyp/-maß</td><td>Probeplattenkern, Durchmesser 100 mm</td></tr>
<tr><td>Bearbeiter</td><td>Jann Stoff / Frank Härtel</td></tr>
<tr><td colspan="2" align="center">Halbzeuge und Zuschnitt</td></tr>
<tr><td>Fasertyp Flechtfäden</td><td>Flachs 500tex</td></tr>
<tr><td>Fasertyp Stehfäden</td><td>---</td></tr>
<tr><td>Flechtwinkel</td><td>---</td></tr>
<tr><td>Anteil Stehfäden</td><td>---</td></tr>
<tr><td>Flechtlänge</td><td>1500mm</td></tr>
<tr><td colspan="2" align="center">Infiltration</td></tr>
<tr><td>Datum</td><td>26.07.2010</td></tr>
<tr><td>Anzahl Probeplatten</td><td>3</td></tr>
<tr><td>Lagenaufbau</td><td>0° / 90°</td></tr>
<tr><td>Anzahl Lagen</td><td>4</td></tr>
<tr><td>Gewicht [g]</td><td>Probeplatte 1: 458,4
Probeplatte 2: 452
Probeplatte 3: 462</td></tr>
<tr><td>Maße Probeplatte [mm]</td><td>750 x 360</td></tr>
<tr><td>Harz/Härter</td><td>PTP-L + 3 % Beschleuniger</td></tr>
<tr><td>Druck Infiltration [mbar]</td><td>30</td></tr>
<tr><td>Druck Rücksaugung [mbar]</td><td>200</td></tr>
<tr><td>Zeit Aushärtung [min]</td><td>15</td></tr>
<tr><td>Temperatur Aushärten [°C]</td><td>150</td></tr>
<tr><td>Tempern [°C und h]</td><td>---</td></tr>
<tr><td colspan="2" align="center">Bemerkung</td></tr>
<tr><td colspan="2">Infiltrationsdauer stark abhängig von der Dauer der Lagerung des Harzes.
Vermutung: Harz reagiert langsam
Versuchsanordnung erwärmt (ca. 50°C)</td></tr>
</table>

<table>
<tr><td colspan="2" align="center">Infiltrationsprotokoll
VARI (Vacuum Assisted Resin Infusion)</td></tr>
<tr><td colspan="2" align="center">Allgemeines</td></tr>
<tr><td>Chargennummer</td><td>---</td></tr>
<tr><td>Datum</td><td>19. / 20. Juli 2010</td></tr>
<tr><td>Kerntyp/-maß</td><td>Probeplattenkern, Durchmesser 100 mm</td></tr>
<tr><td>Bearbeiter</td><td>Jann Stoff / Frank Härtel</td></tr>
<tr><td colspan="2" align="center">Halbzeuge und Zuschnitt</td></tr>
<tr><td>Fasertyp Flechtfäden</td><td>Flachs 500tex</td></tr>
<tr><td>Fasertyp Stehfäden</td><td>---</td></tr>
<tr><td>Flechtwinkel</td><td>---</td></tr>
<tr><td>Anteil Stehfäden</td><td>---</td></tr>
<tr><td>Flechtlänge</td><td>1500mm</td></tr>
<tr><td colspan="2" align="center">Infiltration</td></tr>
<tr><td>Datum</td><td>27.07.2010</td></tr>
<tr><td>Anzahl Probeplatten</td><td>3</td></tr>
<tr><td>Lagenaufbau</td><td>0° / 90°</td></tr>
<tr><td>Anzahl Lagen</td><td>4</td></tr>
<tr><td>Gewicht [g]</td><td>Probeplatte 1: 479,6
Probeplatte 2: 496,3
Probeplatte 3: 486</td></tr>
<tr><td>Maße Probeplatte [mm]</td><td>750 x 360</td></tr>
<tr><td>Harz/Härter</td><td>Epoxydharz MGS RIM 135
+ Härter RIMH 136</td></tr>
<tr><td>Druck Infiltration [mbar]</td><td>30</td></tr>
<tr><td>Druck Rücksaugung [mbar]</td><td>250</td></tr>
<tr><td>Zeit Aushärtung [h]</td><td>48</td></tr>
<tr><td>Temperatur Aushärten [°C]</td><td>RT</td></tr>
<tr><td>Tempern [°C und h]</td><td>60 und 15</td></tr>
<tr><td colspan="2" align="center">Bemerkung</td></tr>
<tr><td colspan="2"></td></tr>
</table>

<table>
<tr><td colspan="2" align="center">Infiltrationsprotokoll
VARI (Vacuum Assisted Resin Infusion)</td></tr>
<tr><td colspan="2" align="center">Allgemeines</td></tr>
<tr><td>Chargennummer</td><td>---</td></tr>
<tr><td>Datum</td><td>21. / 22. Juli 2010</td></tr>
<tr><td>Kerntyp/-maß</td><td>Probeplattenkern, Durchmesser 100 mm</td></tr>
<tr><td>Bearbeiter</td><td>Jann Stoff / Frank Härtel</td></tr>
<tr><td colspan="2" align="center">Halbzeuge und Zuschnitt</td></tr>
<tr><td>Fasertyp Flechtfäden</td><td>Glas, 544 tex, 2-fach gefacht</td></tr>
<tr><td>Fasertyp Stehfäden</td><td>---</td></tr>
<tr><td>Flechtwinkel</td><td>---</td></tr>
<tr><td>Anteil Stehfäden</td><td>---</td></tr>
<tr><td>Flechtlänge</td><td>1500mm</td></tr>
<tr><td colspan="2" align="center">Infiltration</td></tr>
<tr><td>Datum</td><td>28.07.2010</td></tr>
<tr><td>Anzahl Probeplatten</td><td>3</td></tr>
<tr><td>Lagenaufbau</td><td>0° / 90°</td></tr>
<tr><td>Anzahl Lagen</td><td>5</td></tr>
<tr><td>Gewicht [g]</td><td>Probeplatte 1: 1192
Probeplatte 2: 1172
Probeplatte 3: 1168</td></tr>
<tr><td>Maße Probeplatte [mm]</td><td>750 x 360</td></tr>
<tr><td>Harz/Härter</td><td>PTP-L + 3 % Beschleuniger</td></tr>
<tr><td>Druck Infiltration [mbar]</td><td>30</td></tr>
<tr><td>Druck Rücksaugung [mbar]</td><td>200</td></tr>
<tr><td>Zeit Aushärtung [min]</td><td>15</td></tr>
<tr><td>Temperatur Aushärten [°C]</td><td>150</td></tr>
<tr><td>Tempern [°C und h]</td><td>---</td></tr>
<tr><td colspan="2" align="center">Bemerkung</td></tr>
<tr><td colspan="2">Infiltrationsdauer stark abhängig von der Dauer der Lagerung des Harzes.
Vermutung: Harz reagiert langsam
Versuchsanordnung erwärmt (ca. 40°C), Harz ca. 30 – 35 °C</td></tr>
</table>

Infiltrationsprotokoll

VARI (Vacuum Assisted Resin Infusion)

Allgemeines	
Chargennummer	---
Datum	21. / 22. Juli 2010
Kerntyp/-maß	Probeplattenkern, Durchmesser 100 mm
Bearbeiter	Jann Stoff / Frank Härtel
Halbzeuge und Zuschnitt	
Fasertyp Flechtfäden	Glas, 544 tex, 2-fach gefacht
Fasertyp Stehfäden	---
Flechtwinkel	---
Anteil Stehfäden	---
Flechtlänge	1500mm
Infiltration	
Datum	29.07.2010
Anzahl Probeplatten	3
Lagenaufbau	0° / 90°
Anzahl Lagen	5
Gewicht [g]	Probeplatte 1: 1186,5 Probeplatte 2: 1166,3 Probeplatte 3: 1176
Maße Probeplatte [mm]	750 x 360
Harz/Härter	Epoxydharz MGS RIM 135 + Härter RIMH 136
Druck Infiltration [mbar]	30
Druck Rücksaugung [mbar]	250
Zeit Aushärtung [h]	48
Temperatur Aushärten [°C]	RT
Tempern [°C und h]	60 und 15
Bemerkung	

12.3   Schnittplan

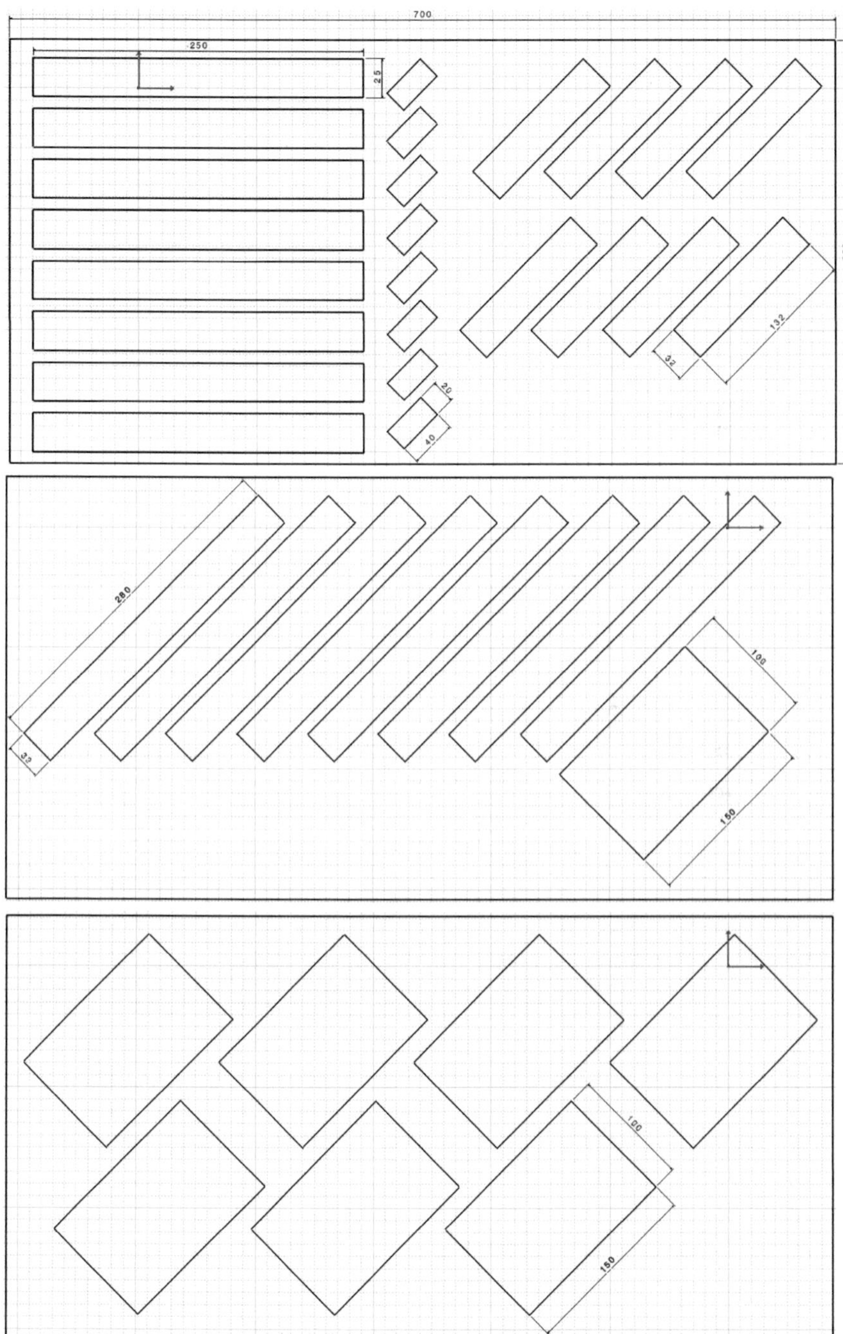